こんなに多彩！

修理したおもちゃたち　人形や動物などのぬいぐるみ

プリモプエル

足の折れた犬のぬいぐるみや動かなくなった人形が来院します。多くは入院となります。
ぬいぐるみを脱がすのが一苦労で、手縫い個所を探して糸を切って開けます。

ジャズマン

スピッツ犬ぬいぐるみ

折れた個所を直したり、内部の不良個所を修理してから、ぬいぐるみをていねいに縫い合わせて元に戻します。

おしゃべりフクロウ

プリモプエル

踊るロックンローラー

ジャズマンや**ロックンローラー**などの音楽が鳴り、その音に合わせて足腰を動かして踊る人形が「動かなくなった」という故障がよくあります。
内部のベルト不良が主な原因で、交換して直します。

こんなに多彩！

修理したおもちゃたち　キーボードやキッズパソコン、知育玩具

キッズパソコン

トミカおしゃべりあいうえお

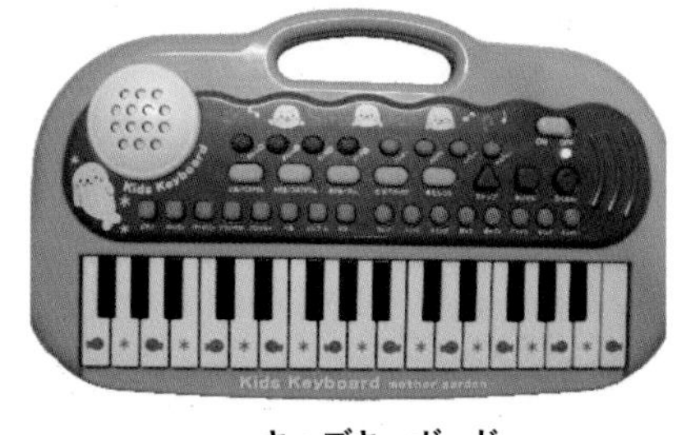

キッズキーボード

これらの音や光、動きのあるおもちゃは電子基板を用いているので、電子部品が不良と判断されるものは残念ながら「修理不能」となります。
しかし「端子の錆、スイッチ不良、配線の断線」が大半なので、そのような故障は直せます。

英語トーキングカード

よくばりボックス

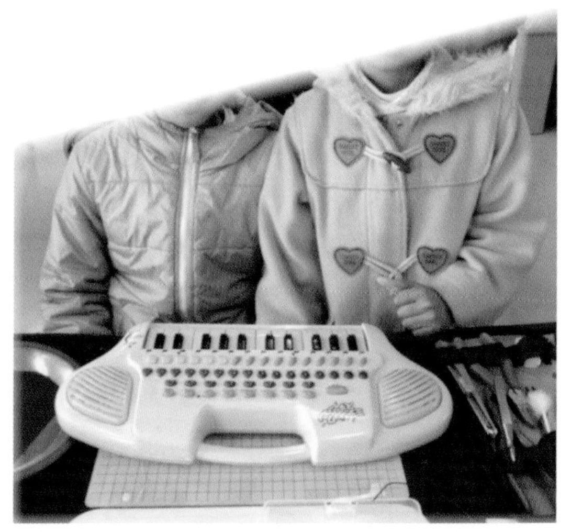

キーボード

こんなに多彩！
修理したおもちゃたち　生活・ままごとおもちゃ、ゲームなど

レジスター

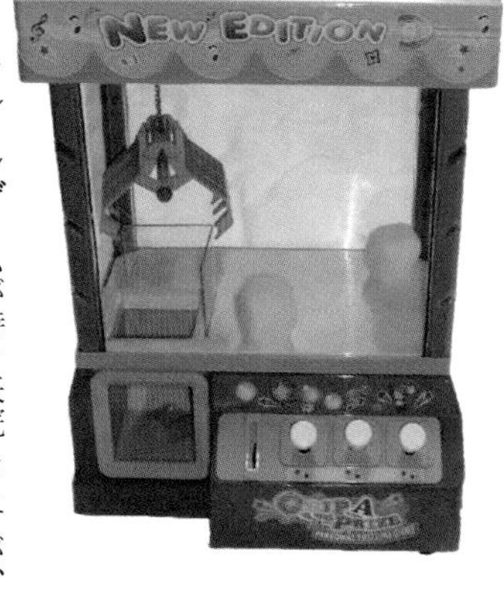

クレーンゲームが時々来院しますが、複雑なギヤ部分にさわらずに、配線の修理だけで直るとほっとします。

工夫をこらした生活・ままごとおもちゃはたくさんの種類があります。分解して故障個所をつきとめるのが楽しみでもあります。

ガスレンジ

クリスマスツリーは 12 月～1 月に修理依頼の多いおもちゃです。

おやすみメリー

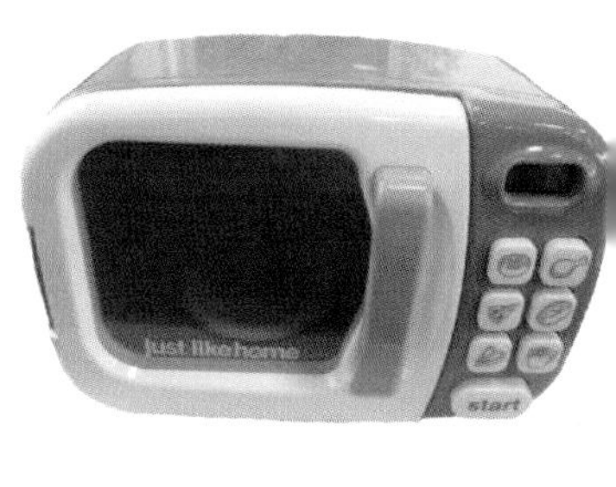

電子レンジ

こんなに多彩！

修理したおもちゃたち　ラジコンや電動乗り物、ロボット、怪獣

ラジコンカー　５台

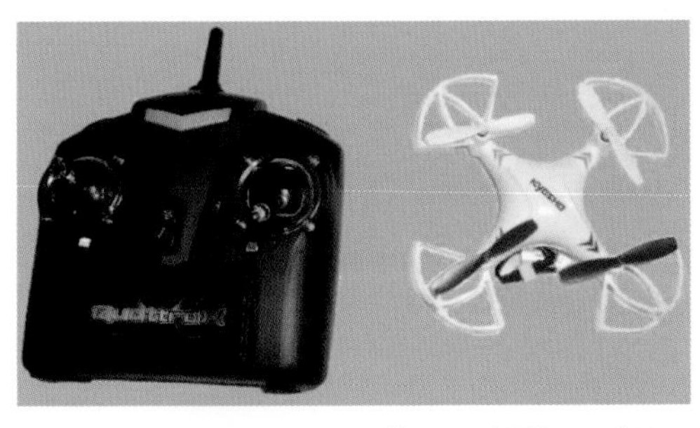

ドローンクアトロックス

ラジコンは、故障がリモコン送信機側か受信機側かのどちらに原因があるかをみきわめます。電池交換から内部パーツ交換まで幅広い修理内容があります。

怪獣

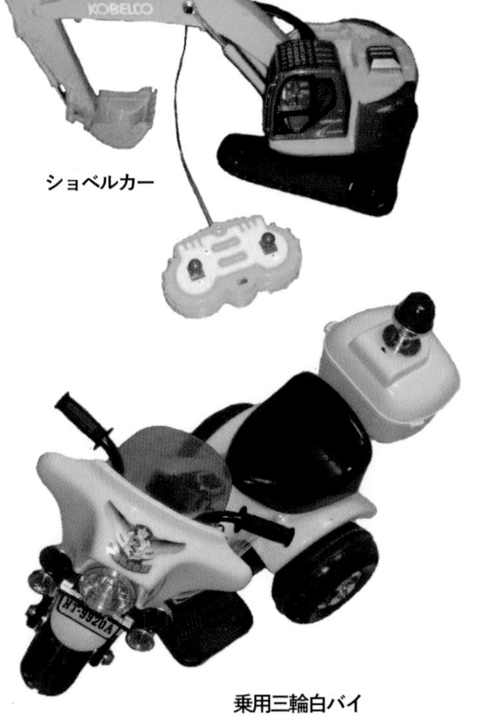

ショベルカー

乗用三輪白バイ

電動乗り物は６ボルトのバッテリーを使用していて、そのバッテリーの充電不足や劣化が故障のほとんどです。

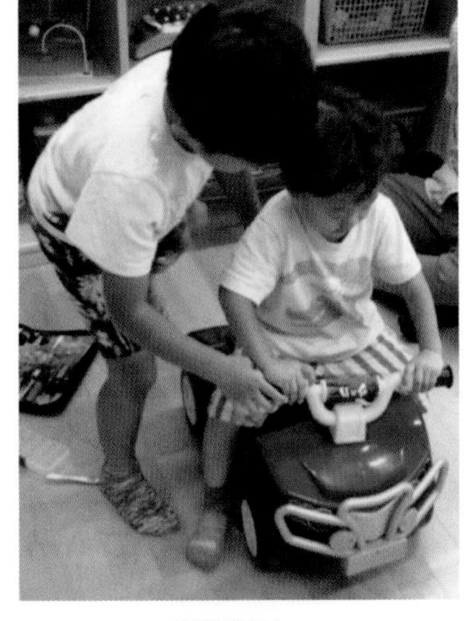

電動乗用カー

こんなに多彩！
修理したおもちゃたち　オルゴールや時計、家電品など

オルゴールメリー

乳児用のおやすみメリーやピエロがダンスをしたりするもの、アクセサリーボックスのようなものまで、様々なオルゴールが組み込まれたものが来院します。大事にされていた古いものが多く、持ち込まれたものはなんとか修理したいものです。

オルゴール写真立て

オルゴールピエロ

丸時計

家電品は扱わないことにしていますが、児童館のビデオデッキやDVD プレーヤー、ラジカセなどを直したこともありました。

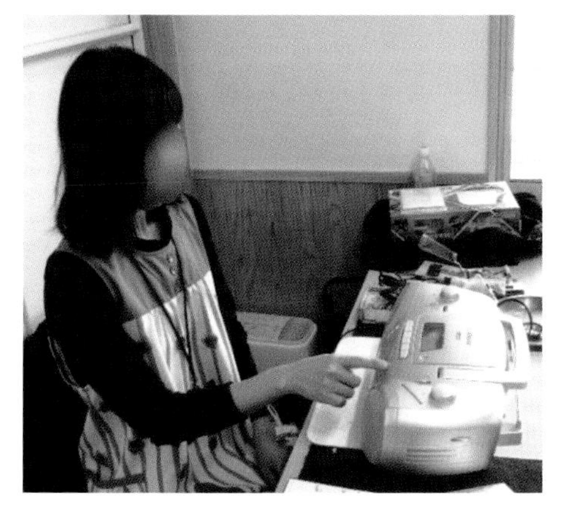

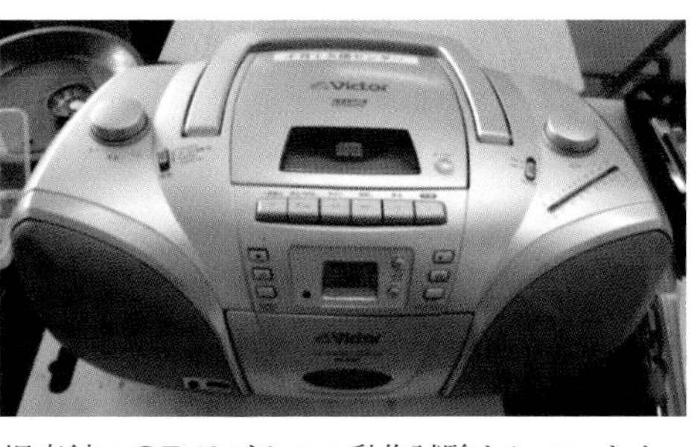

児童館のCDラジカセの動作試験をしています。

Part1 おもちゃドクターへの道

おもちゃドクターになって、かれこれ十年になりました。おもちゃ病院で、子どもたちといっしょに壊れたおもちゃを直している時、子どもの眼はきらきらと輝いていて好奇心たっぷりです。

おもちゃとは私たちにとって何なのでしょう。誰もが小さいときに、おもちゃで遊んだ経験があり、その時の思い出がふっと浮かぶ時があるでしょう。

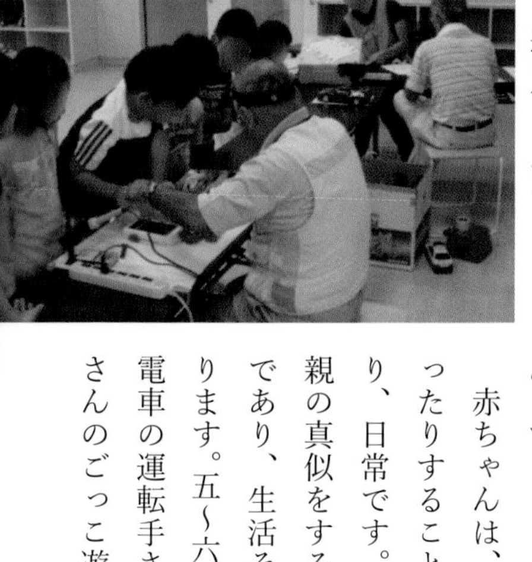

おもちゃドクターの手元をのぞき込む子どもたち

赤ちゃんは、見たりさわったりすることが遊びであり、日常です。幼児期には親の真似をすることが遊びであり、生活そのものになります。五〜六歳になると、電車の運転手さんやパン屋さんのごっこ遊びをし、大人社会の模倣や子ども同士のコミュニケーションを通じて成長していきます。ある時にはさびしさや悲しみを癒してくれます。

このように、「おもちゃ」は子どもにとってかけがえのない身近な存在だといえるでしょう。

おもちゃドクターは大切にされていたけれど壊れてしまって時間が止まっていたおもちゃを直す仕事です。おもちゃにまた新しい生命と歴史を刻むことは大きな喜びです。さあ、おもちゃドクターの物語の始まりです。

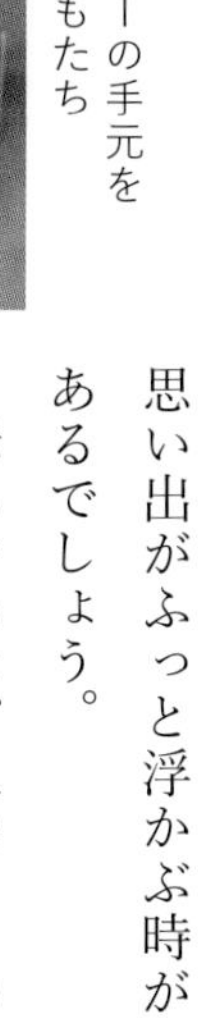

区民まつりイベントのテントで開院したおもちゃ病院

児童館に集まったおもちゃドクター仲間たち

ある日のおもちゃドクター

今日はおもちゃ病院の開かれる土曜日です。工具箱と道具類・部品類を入れた旅行かばんをマイカーに積んで会場に向かいます。会場の児童館では仲間と一緒に机と椅子を並べたり旗を立てたりして準備をします。

「バラバラになってしまったイスだけれど直りますか？」

「かわいいイスですね。大丈夫、接着して直りますよ。では、ここにお名前を書いてくださいね」と、今日も午後一時半の受け付けが始まってまもなく、女の子がお母さんと一緒に、おもちゃ病院を訪ねてきました。

バラバラになってしまった**シルバニアファミリーのイス**ですが、きれいに接着して元通りに、即日治療ができました。直ったのを見てお子さんに喜んでもらえたのは大きな励みであり、今日もうれしい笑顔に出会えました。

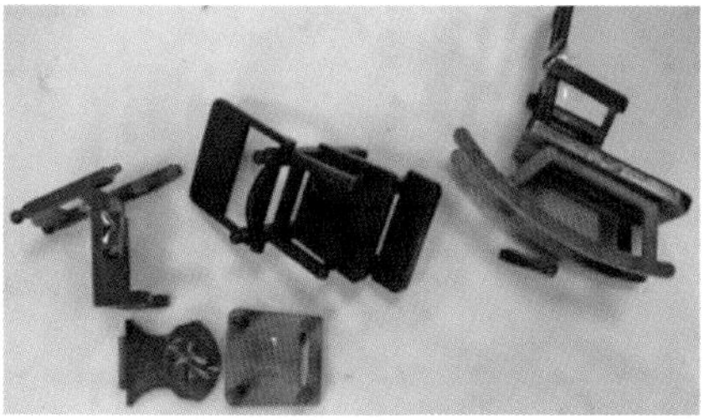

壊れたおもちゃによっては部品が必要なのや、時間がかかりそうなものは「入院」手続きをして預かり、自宅で修理をして次回の定期開催のときに返却します。

この日は**HO型模型電車**や**ロボット**の来院患者がありました。手間がかかりましたが直してお返しできました。相手がおもちゃとはいえ、結構トータルの技量が求められ、遠近両用メガネをつけたり外したり、大忙しの一日でした。

上　壊れていた**シルバニアファミリーのイス**
下　直ったイス

市来歳世彦ドクター

おもちゃドクタースタート

おもちゃドクターを目指すことになったきっかけは二〇〇八年秋（六十一歳）のことでした。退職後の社会活動をボランティアとして何かしたいと以前から思っていました。

シニア向けのパソコン教室のお手伝いができるのではないかと考えてみたり、ボランティアセミナーに参加したりと、いろいろ模索したものでしたが、たまたま市政だよりで「おもちゃドクター養成講座」が二〇〇九年の一月～三月に開催されることを知って申し込み、張り切って参加したのでした。

養成講座の座講中

二十名ほどの参加者は六十～七十歳代が中心のメンバーで、女性も数人いました。

五回（内一回はプレおもちゃ病院の開院、実習）にわたる講座では、

◇おもちゃドクターとはなにか
◇道具や部品の説明
◇ハンダ付け実習
◇おもちゃ病院の進め方

などの講義がありました。

ハンダ付けの実習をしました。

そして、その時の参加者の中の九名で、ボランティアグループ「おもちゃ病院『ころころ』」が、二〇〇九年四月に発足しました。この仲間たちとは今日までかれこれ十年以上活動してきたことになります。

踊るジャズマンの修理をしています。

『ころころ』マークへの思い

ボランティアグループ「おもちゃ病院『ころころ』」を立ち上げた時、私たちは意見を出し合い、次のような思いをこめて活動しようということになりました。

「おもちゃが壊れても、私たちが修理することによって子どもたちがそのおもちゃを大切に使ってくれて、弟や妹、友達へと受け継いでほしいものです。また、その子が親になり、またその子どもへと受け継がれていってほしい気持ちを『ころころ』と表現しました。シンボルマークに夢のある虹色で『ころころ』とまわっていくおもちゃのつながりを輪で表現しています」

それが左上のマークであり、グループの名前の由来です。右下の**オルゴール人形メリー**は、そういう『ころころ』の気持ちにぴったりの患者さんでした。

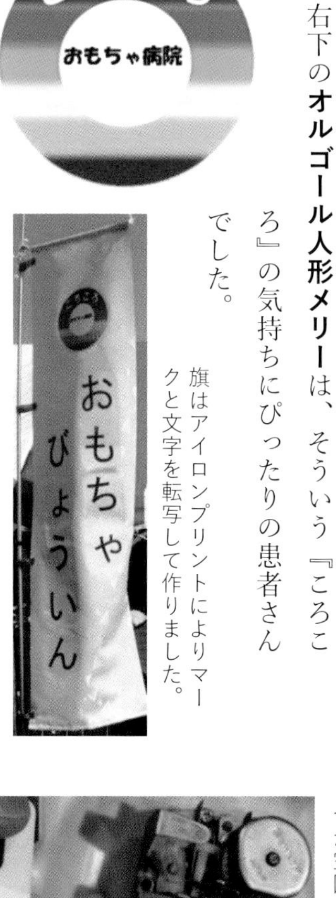

旗はアイロンプリントによりマークと文字を転写して作りました。

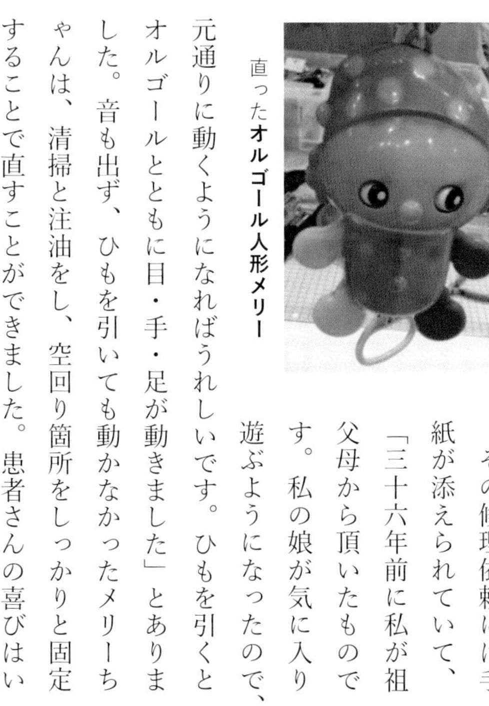
直った**オルゴール人形メリー**

その修理依頼には手紙が添えられていて、「三十六年前に私が祖父母から頂いたものです。私の娘が気に入り遊ぶようになったので、元通りに動くようになればうれしいです。ひもを引くとオルゴールとともに目・手・足が動きました」とありました。音も出ず、ひもを引いても動かなかったメリーちゃんは、清掃と注油をし、空回り箇所をしっかりと固定することで直すことができました。患者さんの喜びはいうまでもありません。

オルゴールにかみ合うギヤが空回りしていた。

空回りしていたピニオンギヤを固定しました。

東日本大震災とおもちゃ病院

二〇一一年三月十一日の東日本大震災では、仙台市内の私たちのおもちゃ病院にも影響がありました。ドクター仲間は大なり小なり被災しましたが、皆無事だったことを三月末の集まりで確認でき、今後の活動は児童館側と連絡を取り合いながら続けることにしました。

こうして、震災の後も毎月の定期開催は途切れることはありませんでした。児童館は、その施設の性格上、インフラの復旧が早くて建物も丈夫だったので、活動が継続できたのだと思います。私たちはストックしていた電池を提供して感謝されたり、児童館の震災で壊れた時計やラジオを修理したりして協力できました。電池は地震直後から街には品薄となっていたのでした。

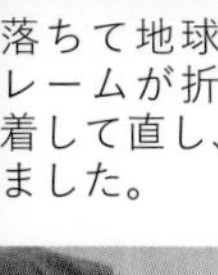

落ちて地球儀を支えるフレームが折れた箇所を接着して直し、喜んでもらいました。

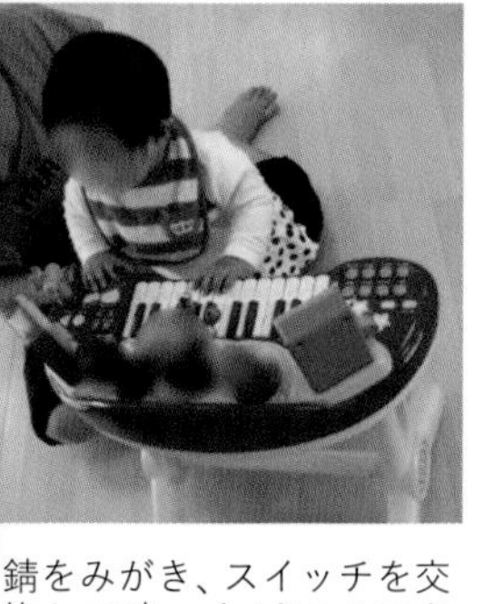

錆をみがき、スイッチを交換して直ったピアノにさわって喜ぶ赤ちゃん。

おもちゃ病院には地震で床に落ちて壊れたおもちゃのほか、思い出のつまった**地球儀**や**時計**の修理依頼がもちこまれました。独り暮らしのおじいさんは、持ってきた壊れたかご入りの**小鳥のおもちゃ**が直ると、その鳴き声に癒されると喜んでいました。女の子が持ってきた**キッズピアノ**は津波で塩水につかったため、真っ赤に錆びたスイッチを交換すると音が甦りました。大切にしていたおもちゃが、おもちゃドクターの手で直っていくのを真剣なまなざしで見ている子どもたちもたくさんいて、私たちはモノを大切にし、前に進む心の手助けに少しでもなれればと思いつつ、活動を続けました。

切れた配線や落ちてしまった小鳥の首を直しました。動いて鳴くようになりました。

震災から２か月後の児童館。子どもたちは熱心にドクターの手元を見ていました。

七ヶ浜(※)の津波で店舗を失ったお店が仮設店舗を「七の市商店街」として開きました。

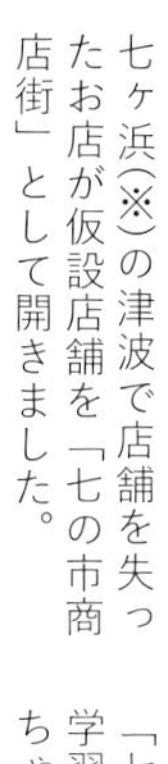
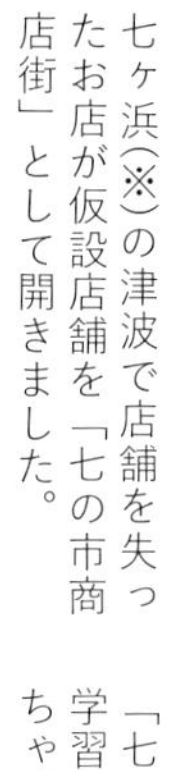
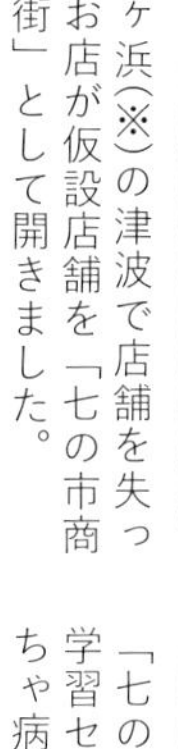

「七の市商店街」の会場（生涯学習センター）の集会室でおもちゃ病院が開かれました。

※宮城県七ヶ浜町。菖蒲田浜など壊滅的な被害を受けました。

震災の一年後、七ヶ浜仮設商店街の一角にも「おもちゃ病院」が開院され、おもちゃドクターたちはそこに参加して多くのおもちゃを直しました。その時の修理の感想はスイッチ類の錆が多いことでした。やはり潮の影響でしょうか。

おもちゃ病院の会場は生涯学習センターの集会室で、多くの故障したおもちゃが来院しました。

この復興商店街には復興を応援するためにボランティアの方々が名古屋や京都方面から来ていました。私たちおもちゃドクターも、この活動が少しでも町の元気につながればと願いつつ、仕事を終えて帰路についたものでした。

おもちゃ病院会場となった集会室では、さらに一年後にもおもちゃ病院が開かれました。その時、部屋には「奇跡のピアノ」が置いてありました。このピアノは七ヶ浜を襲った津波に押し流され、がれきの中にありました。そこから救い出され、多くの人々の助けにより演奏できる状態に再生されたものです。私たちがおもちゃ修理をしている背中でミュージシャンが音を試していました。このピアノを使ったコンサートが七ヶ浜国際村や仙台などで開かれました。この部屋には善意が満ちていました。

基板の接触が悪くて動作しなかった**キッズパソコン**が直りました。

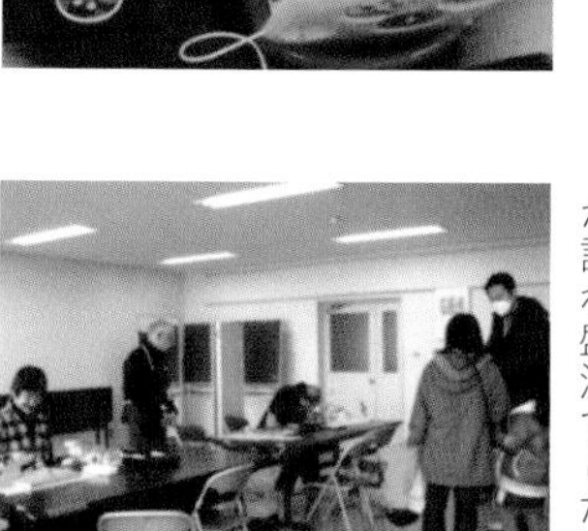

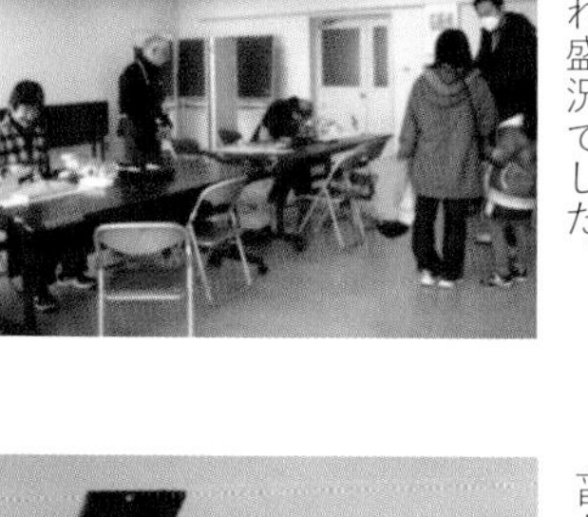

会場の集会室には親子連れで次々に患者さんが訪れ盛況でした。

二〇一三年三月のおもちゃ病院会場ではピアノの音が響きました。

癒し系のおもちゃも来院

音に反応したり、手・足・頭などにあるセンサーに触れると、お話しをしたり、歌を歌ったり目や口を動かす、ぬいぐるみ人形や動物のおもちゃがあります。そのようなおもちゃを持ってくるのは、子どもだけでなく、大人の方、年配の方も多いようです。コミュニケーションが取れて遊べるので、癒しになっているのでしょうか？故障の多くは、手や足のセンサー部の断線やスイッチの接触不良が大半です。

そういうおもちゃの一つ、**ぬいぐるみ犬ダッキー**の場合などは内部のボタン電池とマイクユニットを交換して動くようにしました。これを持っていた方は、何体もの**プリモプエル**や**コプエル**とその仲間たち、**ぬいぐるみ犬ダッキー**、**おしゃべり猫にゃん太郎**など、多種類のぬいぐるみをお持ちで、何個も直してあげました。その方からは、「みんな元気にしていますよ。みんなの頭をなでなでしていますよ～。可愛いです。癒されています」とのお便りもいただきました。たくさんの可愛い人形やぬいぐるみに囲まれて、生活されているようです。

プリモプエルは一九九九年にお話しをする人形型ぬいぐるみとして登場しました（現在は生産終了）。プリモ星から幸福や元気を与えるためにやってきたとされ、何種類ものシリーズモデルがあります。触れたり、声をかけたり、だっこしたりすると反応しておしゃべりをし、歌を歌います。ちょっとテンポがずれた様子などもまた可愛くて、ヒーリングパートナーとしてお年寄りの方にも愛されています。

もっとおはなしダッキー
撫でたり、抱いたり、話しかけたりする刺激に反応して、おしゃべりや歌を歌う、ぬいぐるみ犬です。

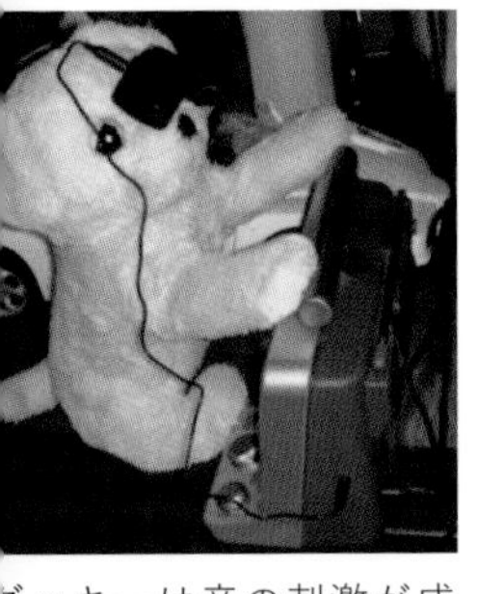

ダッキーは音の刺激が成長に必要なのでしょう。修理後のテストでラジオを聞かせていたら、時々ワンワンと反応していました。

プリモプエル（© BANDAI）
右手と左手、しっぽの三カ所のスイッチを交換して元気を取り戻しました。

手を触れたり話しかけたりすることでおしゃべりをする、この**プリモプエル**たちの故障の多くは手としっぽの断線とスイッチの接触不良が原因です。ポポちゃんと呼ばれている、赤ちゃんのような抱き心地がする**着せ替え人形**は、お年寄り夫婦がお持ちになりました。大震災の時に床に落ちて目が動かなくなり、手が取れたのです。小さなおしめがあてられ、可愛がられている様子でした。

この種のおもちゃは、姿・形は人形だったり、犬や猫のぬいぐるみでふわふわ感があり、だっこして気持ちがいいのだと思います。そして、話しかけるとお話や歌を歌うので会話をしているかのようなコミュニケーションが取れ、癒しとなっているのでしょう。

着せ替え人形
30〜50cm ほどの身長で手足や目玉は動くが、お話しはしません。このポポちゃんは身長 50cm のミルク飲み人形でした。

ヒーリングパートナー／コミュニケーショントイの系譜

犬や猫のぬいぐるみ
30cm ほどの大きさで、お話ししたり歌を歌います。目は動くのですが、歩きません。

プリモプエルと仲間たち
プリモプエルは 30cm ほどで大きく、コプエルは 18cm ほどでお出かけのお供もできる大きさ。お話ししたり歌を歌います。

ぬいぐるみ犬ダッキー

おしゃべり猫にゃん太郎

コプエル

かわいい服を着た
プリモプエル

ロビジュニア

ロボット人形
22cm ほどの身長で手足や頭が動く。音声認識をしてお話しします。

プリモコロネ

『ヒューゴの不思議な発明』とおもちゃドクターの心

二〇一一年に封切られた映画に『ヒューゴの不思議な発明』というのがあります。おもちゃドクターの心にぴったりくる映画で、夢中になって見ました。

パリのモンパルナス駅の時計台に隠れて暮らす孤児ヒューゴが、父の遺した機械人形を直す不思議なファンタジー映画です。「また動けるのを待っている……」

機械人形（オートマタ）の動き始める前のシーンのセリフです。こわれた機械人形を直そうとする少年ヒューゴの心が印象的でした。

私たちおもちゃドクターの目的は壊れたおもちゃを修理することです。おもちゃドクターは壊れたおもちゃを見ると悲しくなるのです。上の**カメラマンクラシックカー**は五十年ほど前のブリキ製で、全く動か

カメラマンクラシックカー
一九七〇年頃製の車がおもちゃ病院会場の中新田（なかにいだ）バッハホールロビーに来院しました。

ない状態で来院しました。

錆を磨きスイッチの接触不良や断線箇所を直し、女性カメラマンの首を補修したら、カメラのフラッシュを光らせて走りだしました。

依頼者の老婦人は「まさか動き出すとは……」と感激し、試走した時には、おもちゃ病院を開いた会場のギャラリーから大きな拍手が起こりました。

左の**リモコンショベルカー**は有線リモコンケーブルが根元ですっかり断線していました。そこを直しても空回りしてアームが動きません。ギヤボックスのクラッチ機構が不具合だったので、アームに外付けでスプリングと糸を使う工夫をしたら動くようになりました。

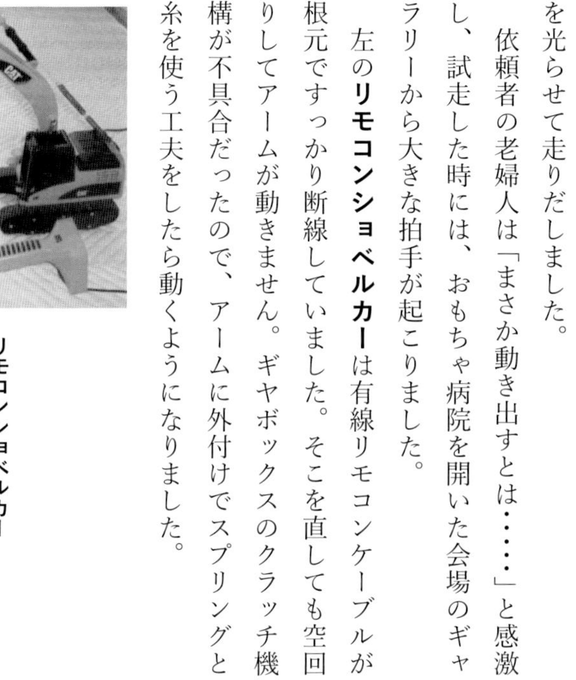

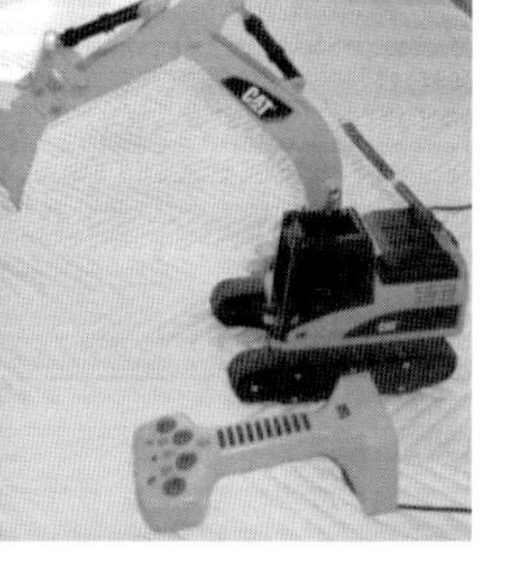

リモコンショベルカー
子どもの大好きな働く車。砂場では遊ばないようにと注意してお返ししました。

「動かなければおもちゃではない」、「壊れて動かないおもちゃを復活させたい」と、ドクターは工夫に工夫を重ねて修理を進めます。破損した箇所は補強して接着したり、パーツが不足で動きそうもないときは、なんとか代替品を工夫して調達し、動くようにしてお返ししようと努力しています。直ったおもちゃに喜ぶ持ち主の顔を見るのが、私たちドクターの生きがいです。

おもちゃ病院に来院する故障したおもちゃのほとんどは小学生までの子どものおもちゃで、「動かない」、「音や光が出なくなった」などの症状で、それらを直して喜んでもらっています。しかし、時には四十年、七十年前の年季の入ったおもちゃが来院することもあります。うっすらと汚れていても大事に仕舞われていた様子がうかがえます。それらには持ち主の生きてきた時間が漂っているように思えます。なんとか工夫して修理しようと知恵をしぼり、インターネットの情報も参考にします。うまく直せたときの達成感はなんとも言えずいいものです。

おもちゃとは何でしょうか？　子どもは遊ぶという行動を通して道具の使い方、社会との関わりあい方を学んでいくのでしょう。私たちだれもが遊んだおもちゃが子や孫に受け継がれていくという歴史は未来にもつながっていきます。この「時」をつなぐ手助けを続けていきたいと思っています。

おはなしよびだし電話
三十年以上前の声を出す仕組みがレコードを再生するものでした。端子やバネ接点を磨いて直りました。孫が興味を持ったのでと持参したお祖母さんは喜んでいました。

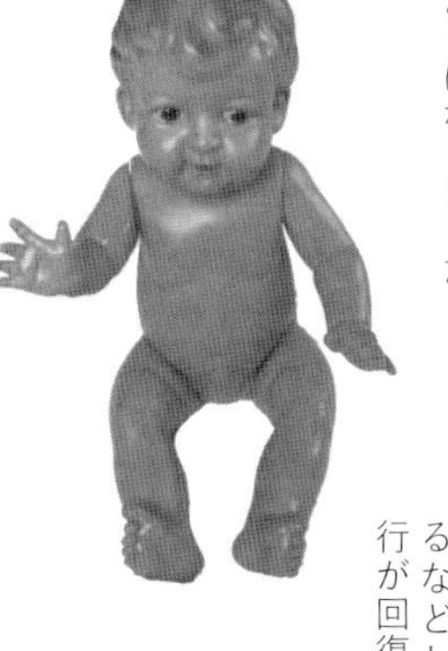

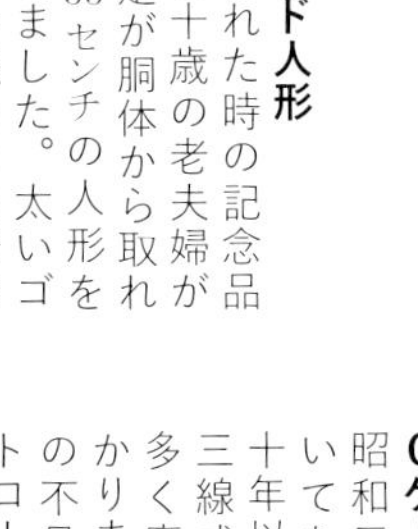

セルロイド人形
私が生まれた時の老夫婦の記念品ですと七十歳の老夫婦が胴体から取れた頭・手・足が胴体から取れた身長55センチの人形を持ってきました。太いゴム紐で引っ張ることで希望通り座ることができるようになりました。

Oゲージ蒸気機関車
昭和三十二年購入と書いてありましたから六十年以上前の模型です。三線式のレールは錆が多く磨くのに時間がかかりました。モーター部の不具合やパワーコントローラーの修理、レールの接触が悪いところは補助の配線を追加するなどして迫力ある走行が回復しました。

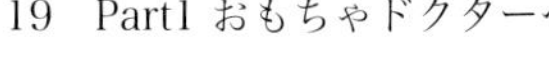

直らなかったけれど愛されるお人形

おもちゃ病院を訪れたおもちゃのほとんどは完治して帰宅できるのですが、ときには直すことができなくてお返しすることもあります。

このかわいい小さな人形二体は残念ながら音をとりもどすことができなかったのですが、破れを修復し、飾って楽しんでください とお渡ししました。後日、写真とお手紙をいただきました。大事に可愛がっている様子を知らせるうれしい便りでした。小さくてきれいに縫い戻すのが大変でしたが、その苦労が報われました。

小人形達の診察では　大変お手数をおかけいたしました　写真入りで工程を説明して頂きまして　頭が下がりました。
茶の間に置いて愛でています
感謝申し上げます

右　後日いただいたお手紙と写真。　下　返した時に添付した治療メモ。

おもちゃの名前	小人形　2体　（　　　年　製） （ラベンダー色　Potpourri doll）（赤色）	入院日 平成３０年２月２４日
症　状	音がしない　（昔のおみやげ品）	
治療説明	１．胴体の中に円盤状のものが入っていたので、ぬいほどいて取り出しました。ボタン電池LR55使用の電子ブザーを使った電子基板がありました。テストしても動作しません。 ２．基板のパターンは腐食が進んでいます。電子基板の不良で修理不能です。人形を縫い戻しました。飾ってください。（新潟）	１．中のパーツをぬいほどいて、取り出しました。バネと粘土？付きの円板笛がカタカタと動いていました。 ２．修復不能なので綿を詰めて縫い戻しました。飾ってください。（北海道）
治療結果と所　見	残念ながら音は復活できませんでした。ご了承ください。 かわいいお人形さんを飾って楽しんでください。　経費　０円	

理科少年の思い出

私は昭和二十二年、福島県郡山市で生まれ、そこで小学時代を過ごしました。昭和三十年頃でもよく停電がありました。石油ランプを使った後のガラスホヤ掃除が私の仕事でした。

柱時計はゼンマイ巻きの振り子時計でした。季節ごとの時刻合わせが必要で、夏は遅くなるため振り子の重りを少し上にあげて短くし、冬は下に調整します。「なぜこうするのだろう?」という、アナログ的な疑問は理科系への関心の芽ばえだったのかもしれません。足踏み式のミシンなども調子よく動かすのに時々注油する必要がありました。

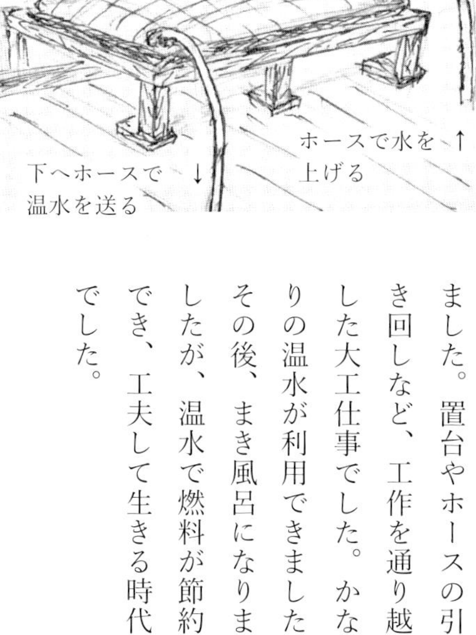

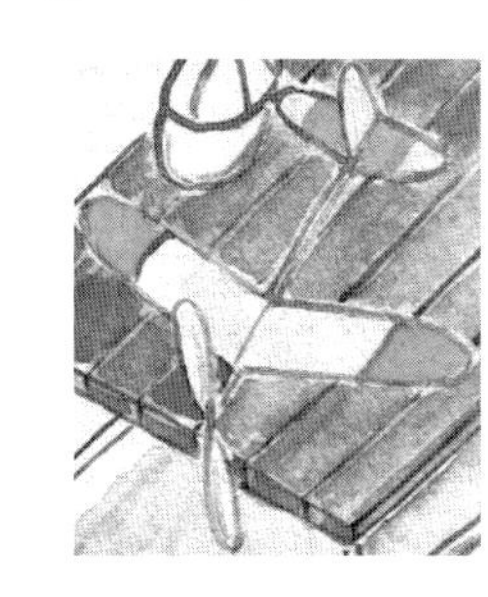

このほか、竹ひごを曲げてゴム動力飛行機を作ったり、ゼンマイ式目覚まし時計を分解したりしました。

おもちゃドクター仲間で昔話をすると、きまったように工作好きの少年時代を送った人ばかりです。

太陽熱温水器を屋根上に設置

まだ銭湯に通っていた中学時代のことです。夏の行水ができるようにと一階の屋根にメッシュ入り厚ビニール製の太陽熱温水器を設置しました。置台やホースの引き回しなど、工作を通り越した大工仕事でした。かなりの温水が利用できました。その後、まき風呂になりましたが、温水で燃料が節約でき、工夫して生きる時代でした。

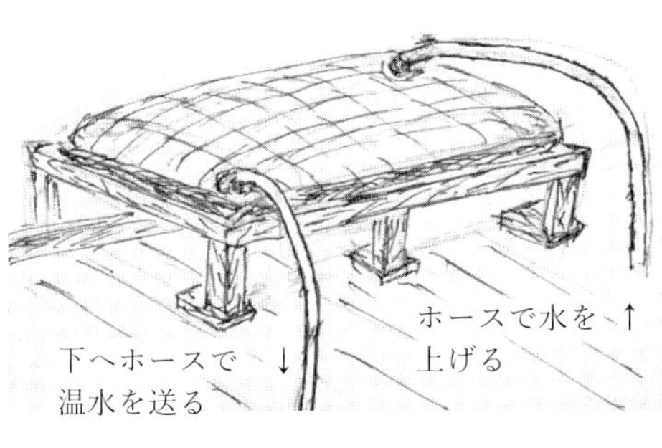

理科好き、工作好き

東京へ引越し、中学、高校、大学時代も工作が途切れることはありませんでした。高校への通学路に古物商があり、時々覗いては真空管ラジオやテレビ受像機の傷んでいなさそうなのがないか探したものでした。家の真空管ラジオが故障すると直し、白黒テレビも修理して見ることができました。

当時、わが家は学生下宿屋をしていたので、母屋に電話が来た時に下宿生を呼び出すインターホン式拡声器を作ったこともありました。ラジオのリサイクル品利用です。そのパーツ揃えに秋葉原電気街によく通ったものでした。

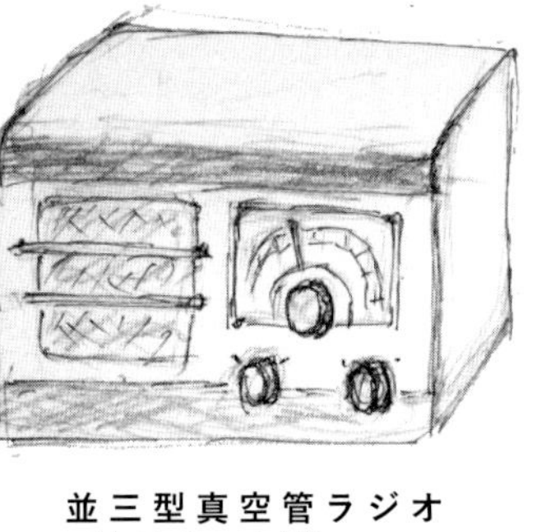

並三型真空管ラジオ
（上はその内部）

東海道新幹線の試験機器を直す

昭和四十二年の夏、大学のアルバイト先でのことです。東海道新幹線の地点検知装置という列車制御システムを構成する機器の試験機に故障が多いという難題が持ち込まれました。メーカーでは故障個所を特定できず困っていたのですが、私が学校で勉強中の電気回路理論で分析して改修したところ、故障しなくなったということでした。理論と実践が結びつきました。新幹線の安全に寄与できたという、たぶんどこにも記録のない私の小さな誇りのエピソードです。

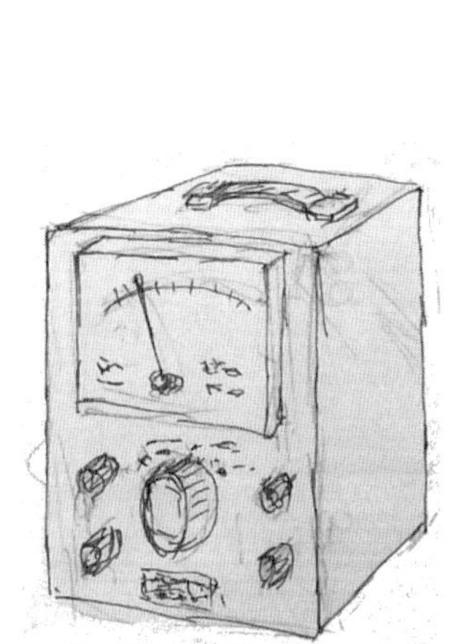

地点検知装置試験機

命綱をつけてタンカーマストへ

昭和四十四年夏、私は通信士見習いの学生実習生としてボルネオ航路のタンカー・日悠丸に乗船したことがあります。その航海では、当時研究を進めていた気象衛星の実用化を目指す受信実験を行いました。

しかし、港に停泊中は、日中は油の搬送作業でめいっぱい。気象衛星の受信アンテナのマストへの取り付け作業は出港してからと聞いて、驚いたものです。安全ベルトとヘルメット姿でマスト上の作業をしました。下を見れば海、波のうねりに体は右、左と大きく振られ、ふだんは高い所はにがてで、「お尻がヒコヒコする」のですが、やるしかありません。なんとかアンテナ固定が完了し、その後の実験も無事成功しました。

日悠丸マスト上のクロス型気象衛星受信アンテナ

赤道近くを航行するタンカー日悠丸の甲板

特製アンテナ、南氷洋を行く

その秋、気象衛星の受信設備を捕鯨母船日新丸に設置するために横須賀港で作業をしました。この時のアンテナは南氷洋の荒天に耐えられるようエポキシ樹脂で覆う工夫をしました。メーカー製の受信アンテナは破損しましたが、私のは柳に風と暴風雨を受け流し、無事役目を果たしたそうです。工夫した工作が生きました。これも、のちのおもちゃドクターにつながる経験でしょう。

南氷洋捕鯨の歴史に名を残す捕鯨母船・日新丸の在りし日の後姿（一九六九年秋・横須賀港にて）

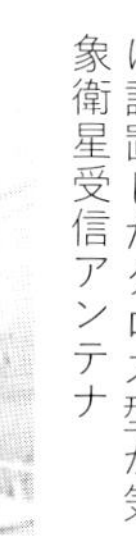

日新丸船室屋上のポールに設置したクロス型が気象衛星受信アンテナ

マイファミリー工作

家族を持ってからも私の工作意欲はさかんでした。新婚時のアパートの前の池に木製ヨットを浮かべて、ボート遊びをしました。沈むはずはないのに、そのヨットが行方不明になってしまったのは今でも謎です。模型飛行機を作って近くの競馬場で飛ばしたことも、懐かしい思い出です。

転勤した時は銅板にスヌーピーを打ち出して、玄関扉に特製表札を作りました。また、子どもの成長に伴い、ベニア板に塗装した**お絵かきボード**を一歳の誕生日用に作りました。おかげで、寮の壁にいたずら書きしないで

池に進水する前の**木製ヨット**

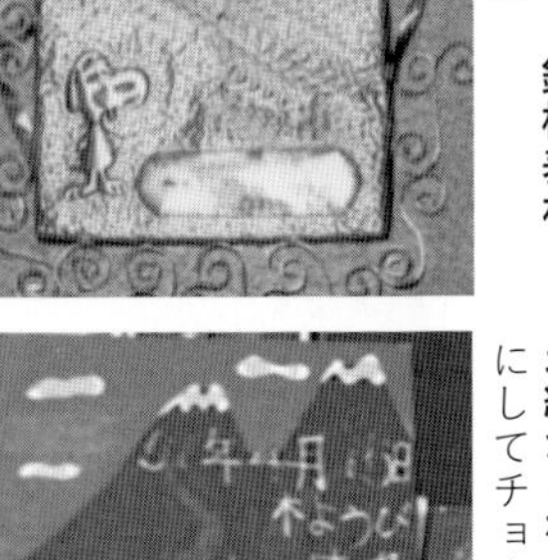

スヌーピー銅板表札でお迎え

お絵かきボードは濃い色にしてチョークを使用

済みました。スピーカーボックスを改造した**カタカタおもちゃ箱車**は歩行訓練にもなり、わが子は好きなところに持っていって遊んでいました。イラストボードを切って作った**あいうえおカード**は絵を描くのに苦労しましたが、手作り感満載の作品で結構遊んでくれました。

休みの日には、いろいろ作って家族と共に楽しんだものでしたが、思い出深いのは、親子二代にわたって楽しんでくれた**リカちゃんハウス**です。

厚いイラストボード製の最初のリカちゃんハウスは、娘が一歳半の時に作りました。

カタカタおもちゃ箱車でヨチヨチ歩き

並んだ手作り**あいうえおカード**

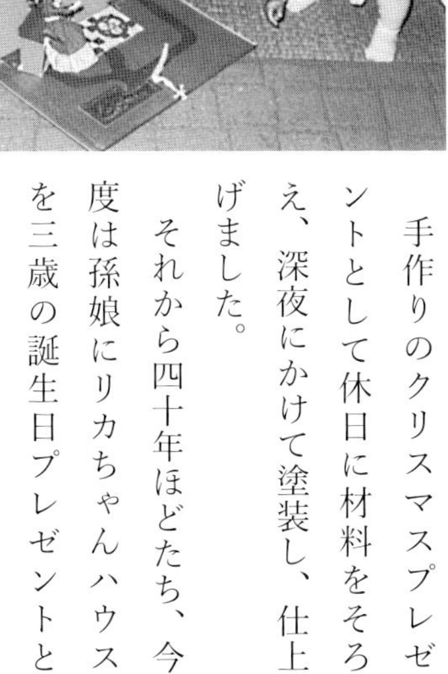

一代目**リカちゃんハウス**

手作りのクリスマスプレゼントとして休日に材料をそろえ、深夜にかけて塗装し、仕上げました。

それから四十年ほどたち、今度は孫娘にリカちゃんハウスを三歳の誕生日プレゼントとして作りました。母娘は二代にわたって私の作ったリカちゃんハウスで育ったのです。

> リカちゃんは昭和四十二年に誕生した着せ替え人形で、お人形遊びの定番になっており、今に至るまで女の子に愛され続けています。身長は二一センチで想定の一四二センチからすると七等身になります。親しみやすい顔つきは初代から少し変わり、昭和六十二年に四代目となり、今に至っているそうです。
> 福島県小野町で日本での人形製造が平成五年以来行われています。震災の影響はほぼなかったとのことです。そこはテーマパークになっていて、女の子が一度は訪れてみたい場所かもしれません。

元気いっぱいの男の孫たちのリクエストで、庭に**ミニフィールドアスレチックコース**も作りました。長さ二・二メートルのターザンロープを木と木に渡して作ると、孫たちは喜んで遊んでいました。

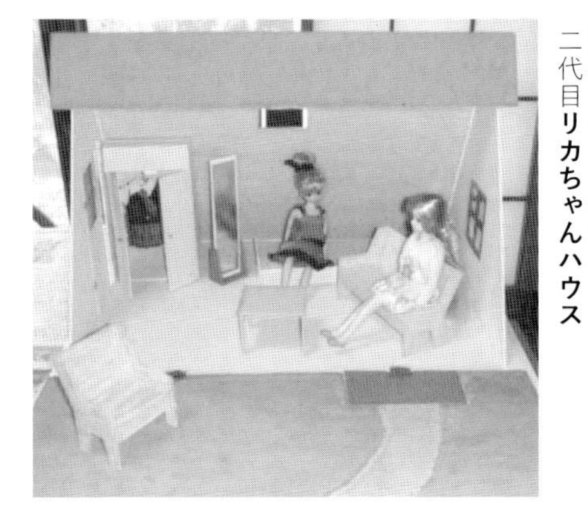

孫のために作った
二代目**リカちゃんハウス**

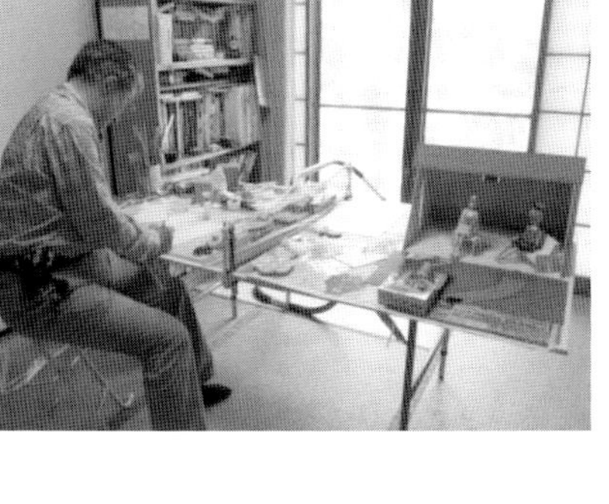
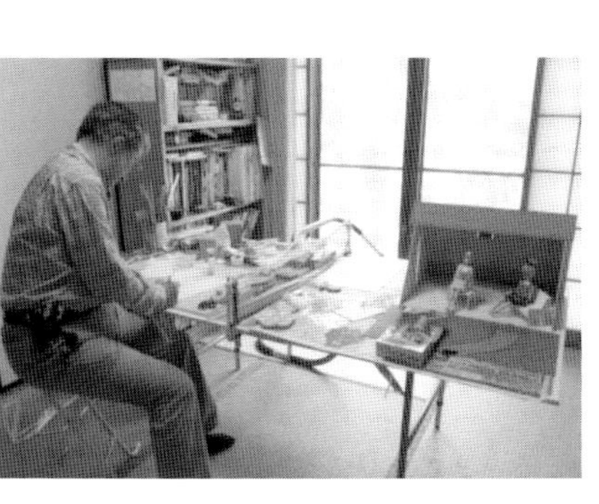

二代目**リカちゃんハウス**
を製作中

勢いよくロープにぶら下がり
ヤッホー

縁台から縁台への
一本橋渡り

ファミリーキャンプは工夫がいっぱい

一九八〇年代はマイカーに山のように荷物を積み込んでのファミリーキャンピングを楽しみました。毎月、県内、隣県とキャンプに出かけました。テーブルや調理台、テントの付属品などを車に搭載できるように折りたたんだり、組み立て式にしたりと工夫の余地がたっぷりありました。キャンプ場では他のメンバーの設備を見て、自分でも工夫して作ってみようと考えたものでした。この工夫する心は、おもちゃ修理をするときの「壊れたところは直す」、「パーツが足りなければ何とか代用品を考え出して動くようにする」という姿勢に通じています。

大震災の時、ガスランタンは八〇年代の用品でしたが、ガスボンベは三十年近く経っても十分使え、高輝度の光源として役立ちました。カセットコンロもお湯を沸かす熱源として役立ちました。日頃から、耐震対策として斜めロープ、L字金具留め、懐中電灯の用意などをしていたおかげで家の中の被害を少なくできたと思っています。ブルーシートは震災後の片付け途中の雨除けに役立つ、重要なキャンプ用品＝防災用品でした。

宮城県牡鹿半島にあった、十八成浜（くぐなりはま）キャンプ場は懐かしい場所です。

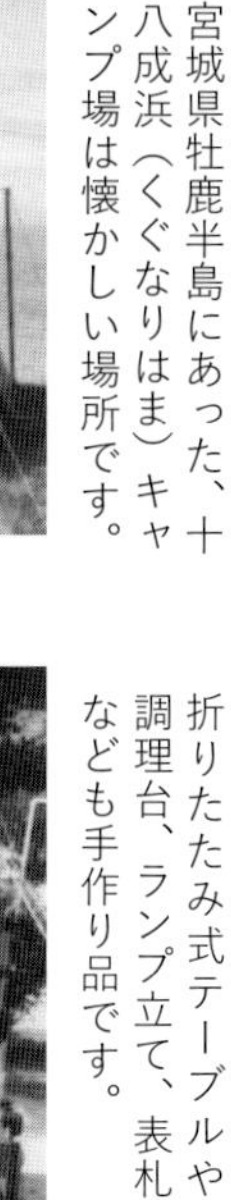

折りたたみ式テーブルや調理台、ランプ立て、表札なども手作り品です。

キャンプの必需品であるランタンは防災用品としても活躍。

山のように荷物を積み、四人家族で出発するところです。

庭にミニ四駆レース場が登場

昭和六十三年の春、子どもたちに**ミニ四駆**ブームが起きて、息子からレース場がほしいと言われました。なんとか工夫をしようと、キャンプの時のテーブルを庭に持ち出し、その上に置いたコンパネ上にコースを設定、トタン板を細長く切って周回コースを作りました。レーン入れ替えコースも作り、数台のミニ四駆が疾駆する様子を楽しみました。

時代はめぐり、今度は、孫たちからミニ四駆で遊びたいとリクエスト。市販のプラスチック製コースを組み立てました。しかし、台は丸太材やコンパネを加工してレース場を新たに庭に設置し、二世代にわたって楽しんでいます。

三十年ほど前のミニ四駆用のパーツも残しているので、これはおもちゃ病院での修理用パーツに今も役立っています。

トタン板製のコースの組み立て中(三十年前)

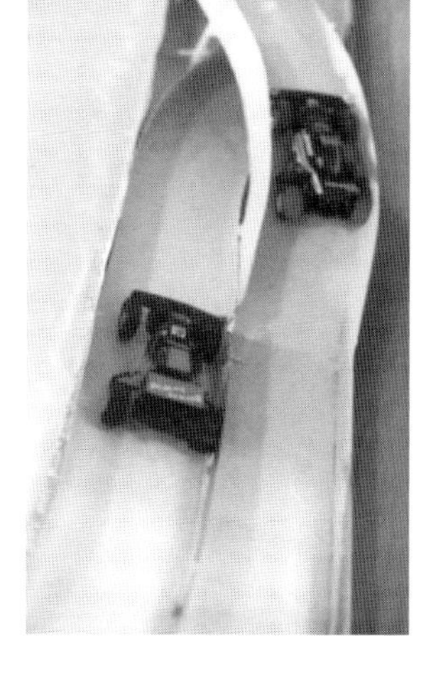

上のコースを**ミニ四駆**がレーンチェンジする様子

新コースで**ミニ四駆**がスタート

ギヤやモーター、シャフト、タイヤなど、まだまだ活用できます。

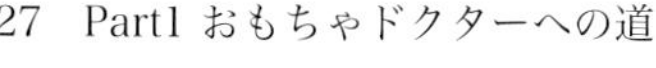

庭に設置した**ミニ四駆**コース

工作ふうの絵てがみ

私は単身赴任生活が延べ十二年間ありました。その間、留守宅の家族に絵てがみを描いて送っていました。描き方はいろいろ変遷がありましたが、工作ふうのものがブームとなった時期もあり、立体、変わり絵、切り絵風、アクセサリープレゼント付きなど、休みの日に工夫を凝らして考えていたことが懐かしく思い出されます。日常の創意工夫は精神のリフレッシュに役立っていたことを今にして思います。

工作ふう絵てがみ　ピラミッドの中にはお宝が隠れていた。

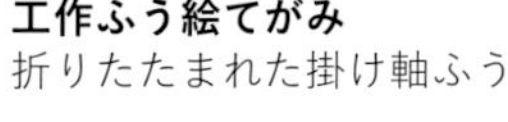

工作ふう絵てがみ
折りたたまれた掛け軸ふう

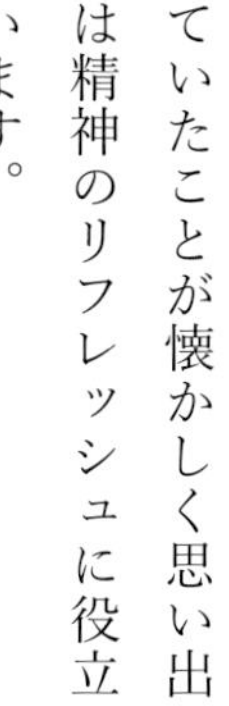

韓国伝統工芸品のおしどり

ソウルでも工作が活躍

会社時代の一九九一年秋に、ソウルへ映像制作技術の講師として派遣されたことがありました。照明の光と影を説明するためにペーパー模型を準備しました。文具店でケント紙をさがし、円すいや立方体、顔の模型などを作り、生徒に教えると評判が良かったです。工夫・工作の技が生きました。

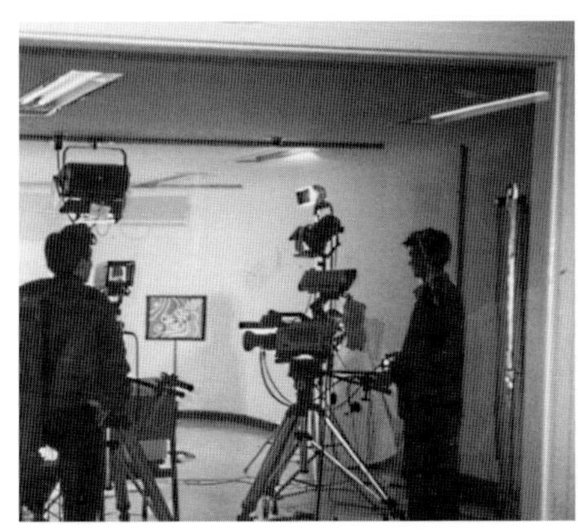

テレビスタジオで照明の基本を教えました。

おもちゃドクターには誰もがなれる

子どもたちの遊んでいるおもちゃはよく壊れます。また、長い間遊ばずにいた昔のおもちゃを取り出すと動かないということもあります。それらを可能な限り修理して蘇らせるのが「おもちゃドクター」のミッションです。

子どもたちとコミュニケーションを取りながら修理を行う中で、「物を大切にする心」「科学する心」の育成も目指します。

おもちゃ病院は壊れたおもちゃを「患者」に、修理を「治療」に、お預かりを「入院」に見立てて病院のような活動をしています。

おもちゃドクターはこの活動に生きがいを持つメンバーがボランティアで修理＝治療を行っており、修理代は直ったときの子どもたちの笑顔です。

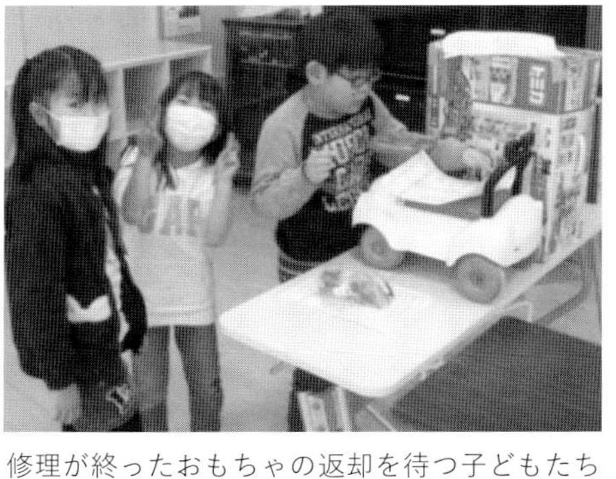

修理が終ったおもちゃの返却を待つ子どもたち

おもちゃの修理中

専門知識は不要です。もちろん、資格や免許も必要ではありません。おもちゃ好きな人であれば、誰もが「おもちゃドクター」になれます。

「おもちゃドクター」の多くは、「昔の工作好き」がほとんどで、「目ざまし時計をいじって壊してしまった」などという経験の持ち主です。

壊れたおもちゃを直してあげたいという気持ち、どうしたら直せるか探究する熱意があれば十分です。そのための知識や技術をこの本で学んでください。

おもちゃ病院の治療のプロセス

おもちゃ病院は、同好の仲間が集まって、ボランティア活動として開いています。開催場所は児童館とか、地域の公共的な場所に確保します。

定期的な開催ができることが望ましく、地域の人々に広く知ってもらうために、開催のPR活動を積極的に行うことも大切です。

おもちゃ病院のお知らせから退院まで

◇事前の広報活動　児童館に置いたチラシやおもちゃ病院の開催情報を地元新聞社へ手紙で掲載を依頼し、催し物情報欄でお知らせをします。この開催のお知らせは各児童館のホームページにも掲載されているので、「新聞で見ました」と訪れる方もいれば、児童館などのホームページにある開催情報を見て来院される方もいます。

◇当日の受付　お子さんを連れた父母や祖父母が来院したら、「診察申込書」に連絡先など必要事項を書いてもらいます。

◇治療～入院手続き

担当するドクターは症状や遊び方を聞くところから診察を始めます。電圧チェックをしたり、分解をして治療を進めます。その場で直すことができれば「即日完治」でお返しします。当日中に直せない場合、ドクターはそ

児童館でおもちゃ病院を開院しました。

受付で連絡先などを書いてもらいます。

担当ドクターが症状を聞き取ります。

れを自宅に持ち帰り、「入院」として修理を続けます。

入院票を書いてお渡しし、次回の開院日までお預かりします。

◇**入院治療**　次の開院日までは時間もあるので、必要な部品を調達して修理します。

◇**退院**　直ったおもちゃを受け取りに来院したお子さんや保護者の方にお返しします。その時、おもちゃがちゃんと動作するか、確認してもらいます。モーターやスイッチなどの部品を交換した場合は実費を頂いています。

診療・治療しないもの

安全上の理由などで診療・治療しないものもあります。

そのような種類のものが来院された場合は、次のように受け付け時に説明してお断りしています。

以下のおもちゃは「診療」をお断りする場合があります。

①**メーカーの無償保証期間内のもの**
（**分解することでメーカーの保証が失われます**）

②骨董・アンティーク価値が高いもの
（市場価格が下落する恐れがあります）

③モデルガン・刀剣類
（教育上・安全面上取り扱いません）

④おもちゃ以外のもの
（例　ラジカセなどの家電製品、模型、精密機器類、遊具類）

⑤技術上等の理由でお断りするもの
（例　電子ゲーム機、高価なもの、部品や材料が入手できないもの、100ボルト電源のもの）

（上記の内容を受付に掲示）

直った**トミカおしゃべりあいうえお**の動作確認をしてもらい、返却しました。

おもちゃ病院「ころころ」　受付番号　－

診察申込書

どこで知りましたか		診察日：平成　年　月　日	
お名前		電話	
ご住所	郵便番号（　　　）		
おもちゃの名前		特徴・色	
症状	□ まったく動かない ：　頃から □ 一部が動かない ： □ ときどき動かない ： □ 破損した ： □ その他 ：		

カルテ

主治医	
診察措置	□ 即日治療　□ 入院　□ メーカー紹介　□ 治療不能

おもちゃの仕掛け	おもちゃの種類	病名（故障原因）
□ 仕掛けなし	□ 自動車	□ 電池切れ、電源不良
□ バネ仕掛け	□ 汽車・電車・飛行機	□ 液漏れ・接点の接触不良
□ ゼンマイ仕掛け	□ 楽器・音楽・学習おもちゃ	□ 断線、配線不良
□ モーター仕掛け（電池）	□ 駐車場・リフト	□ IC、電気部品の不良
□ 電気・電子仕掛け	□ 野球盤	□ ギア等の部品の破損
□ その他	□ ままごと・生活おもちゃ	□ 主要構造部の破損
	□ ぬいぐるみ・人形	□ 汚れ、詰まり
	□ 水遊びおもちゃ	□ 操作ミス・故障箇所なし
□ プラスチック製	□ ロボット・怪獣	□ 原因不明
□ 金属製	□ 電子ゲーム機	□ その他
□ 木製	□ ラジコン・トランシーバー	
□ その他	□ オルゴール製品	
	□ 乗用三輪車・自動車	
	□ その他	

治療措置	□ 完治返却　□ 部分修復返却　□ メーカー紹介・返却　□ 治療不能返却
所見 ・修理方法 ・注意事項 ・感想等	

おもちゃの修理を終えたら、この「カルテ」に修理内容をメモしておきます。後々の参考になります。

ひとりおもちゃ病院も開けます

おもちゃ病院はおもちゃドクターを目指す仲間数名が集まり、ボランティアグループとして活動を進めるのが通常です。

しかし、「ひとり」でもおもちゃドクターとして活動し、地域のお役に立つことができると思います。

私は団地内の生協の集会室で定期的に開催されている「こども文庫」の夏休み前・冬休み前のイベントにドクター一名のおもちゃ病院を数回開きました。

自宅に開院するのはむずかしいかもしれませんが、地区内に定期的にお子さん連れの人の集まる催し物があれば、そこで開くことは可能でしょう。やりかたとしては、「お預かり」（入院）を基本として、その催し物の次回（一か月後）に直ったおもちゃをお返しするというのが基本的なパターンになっています。

その地域の催し物の広報チラシに「おもちゃ病院」開院のお知らせを掲載してもらうとよいと思います。

生協の外階段にのぼり旗を立てました。

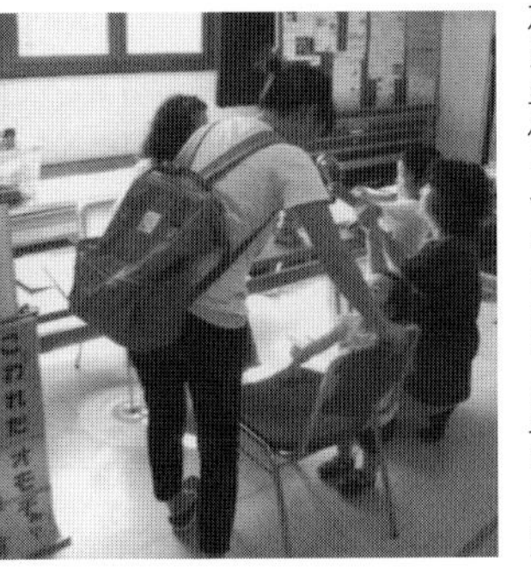

受付を手伝ってもらえると助かります。

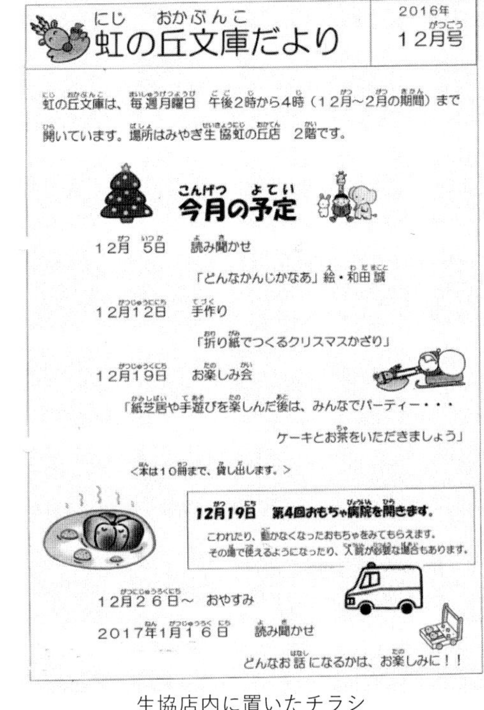

虹の丘文庫だより　2016年　12月号

虹の丘文庫は、毎週月曜日　午後2時から4時（12月～2月の期間）まで開いています。場所はみやぎ生協虹の丘店　2階です。

今月の予定

12月　5日　読み聞かせ

「どんなかんじかなあ」絵・和田誠

12月12日　手作り

「折り紙でつくるクリスマスかざり」

12月19日　お楽しみ会

「紙芝居や手遊びを楽しんだ後は、みんなでパーティー・・・
ケーキとお茶をいただきましょう」

<本は10冊まで、貸し出します。>

12月19日　第4回おもちゃ病院を開きます。

こわれたり、動かなくなったおもちゃをみてもらえます。
その場で使えるようになったり、入院が必要な場合もあります。

12月26日～　おやすみ

2017年1月16日　読み聞かせ

どんなお話になるかは、お楽しみに！！

生協店内に置いたチラシ

Part2 修理事例の実際

おもちゃ屋さんや家電量販店のおもちゃ売り場には実に様々なおもちゃが並んでいて、子どもたちを楽しませる日を待っています。でも、それらのおもちゃもたくさん遊ばれたり、いつのまにかしまいこまれたりしている間に故障することがあります。

その時が、おもちゃドクターの出番です。私は二〇〇九年から二〇一七年の九年間で九九五個のおもちゃを直しました。このパートではおもちゃの修理をどのように進めたか、具体例を示します。その修理事例を次のように六つに分類してみました。

「大震災を乗り越えて」
「昭和が生き返った」
「癒し系のおもちゃ」
「破損しても直せる」
「音がよみがえった」
「動くようになった」

いろいろなおもちゃがあることが実感できます。

診療日に退院を待つおもちゃたち

ここで治療前の注意
おもちゃを分解して修理や改造をした商品は、メーカーの保証の対象外になることを理解しておきましょう。

午後一時、おもちゃ病院の開院時間が迫ってきました。いつものおもちゃドクターたちが手分けして机を並べ、自分の道具を広げて治療の準備をします。

今日はどのようなおもちゃが来るだろうか？　うまく直すことができて喜んでもらえるかな。

子どもの声が聞こえてきました。そろそろ、お客さんが来たようです。

「いらっしゃい。どうしましたか？」

三輪乗用バイク

◆ 症　状…大震災から3年後の2014年4月に、真っ赤な**三輪乗用バイク**が来院しました。依頼者は「津波が押し寄せて海水に浸かりました。しばらくぶりに遊ぼうとしたら動かない」とのこと。外観はきれいに清掃してありましたが、見ると錆が目立ちます。海水の影響がどれだけあるかわかりませんが、できるだけ修理をしてみましょうと入院してもらいました。長さ80cmくらい、重さ4kgほどの6Vバッテリー充電式のものです。

◆ 故障原因の予想…モーターやバッテリーは大丈夫だろうか？

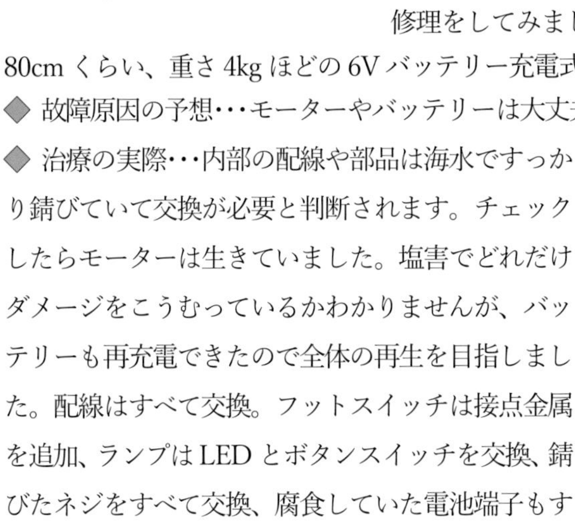

◆ 治療の実際…内部の配線や部品は海水ですっかり錆びていて交換が必要と判断されます。チェックしたらモーターは生きていました。塩害でどれだけダメージをこうむっているかわかりませんが、バッテリーも再充電できたので全体の再生を目指しました。配線はすべて交換。フットスイッチは接点金属を追加、ランプはLEDとボタンスイッチを交換、錆びたネジをすべて交換、腐食していた電池端子もすべて交換しました。サイレン音の電子基板は完全にだめだったので、ブザーで代用しました。

バッテリーへの充電や動作試験はＯＫでした。

塩分による影響が出てくるかもしれませんが、しばらくは遊べるでしょうと説明してお返ししました。「あきらめかけていたけれど、また遊べます」と依頼者に喜んでいただけました。

各部の金属端子や、ネジ等がすっかり錆びていて、配線もボロボロに劣化していました。

フットスイッチ部分は錆びていたので、別のスイッチの接点部を使って回復させました。

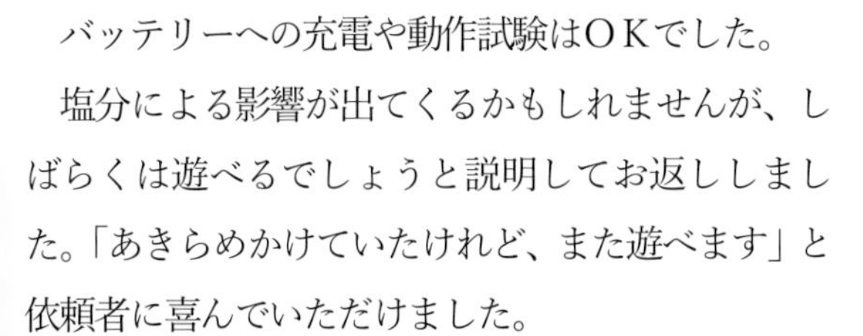

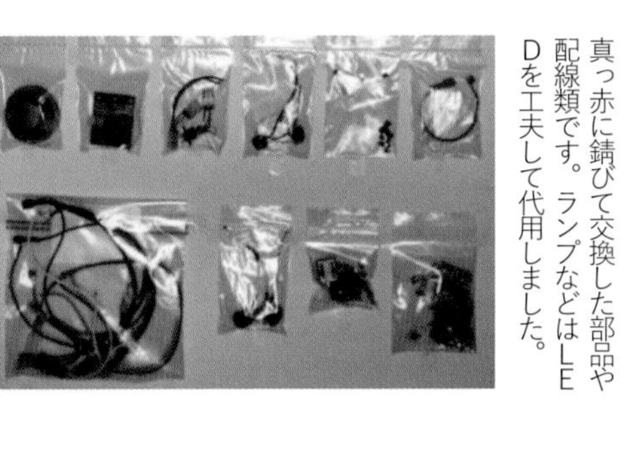

真っ赤に錆びて交換した部品や配線類です。ランプなどはＬＥＤを工夫して代用しました。

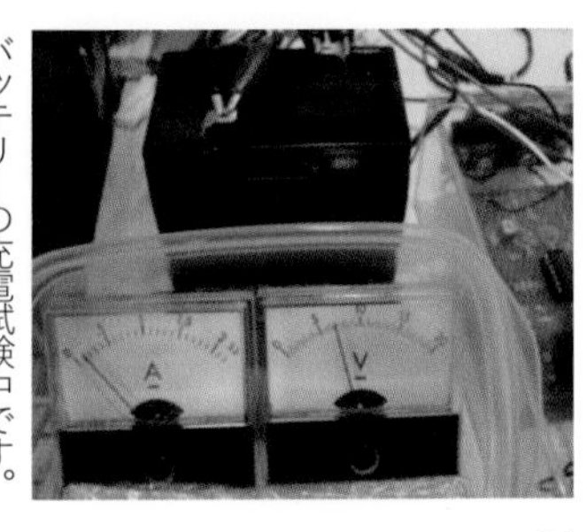

バッテリーの充電試験中です。さいわいなことに生きていました。

大震災を乗り越えて　キッズピアノ

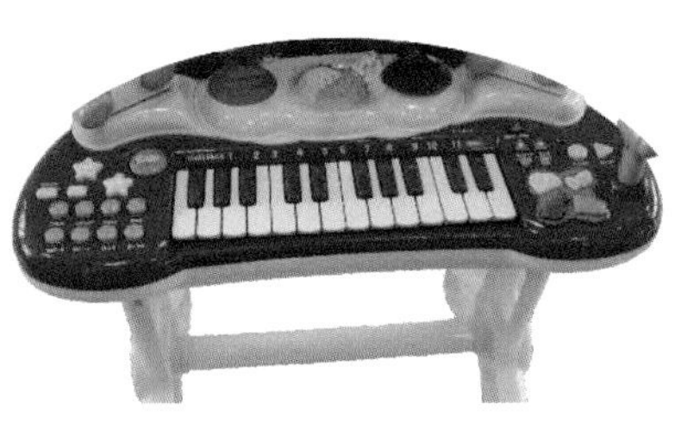

◆ 症　状・・・大震災から２カ月後の５月に開いたおもちゃ病院に「震災で津波の海水を被ってしまい、真水で洗ったのだけれど、音が出なくなってしまいました」と女の子を連れたママが**キッズピアノ**を持って来院しました。その日のうちに直してあげたいと思いました。

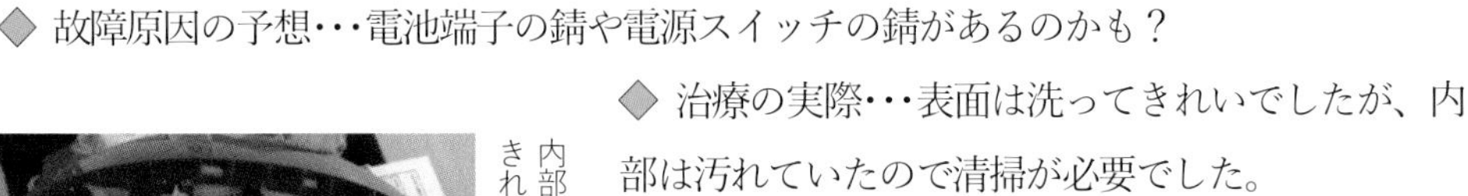

◆ 故障原因の予想・・・電池端子の錆や電源スイッチの錆があるのかも？

◆ 治療の実際・・・表面は洗ってきれいでしたが、内部は汚れていたので清掃が必要でした。

電池端子が真っ赤に錆びていたので磨き、また、電源スイッチが動作しないので、分解して調べたら、スイッチが真っ赤に錆びていました。それは同寸法の手持ちのスイッチで交換しました。その他の配線などは大丈夫なようでした。

早くに真水で洗ったため、海水の影響が少なかったのかもしれません。

組み立てて、全体の動作はＯＫとなりました。お返しするとき、「海水を被ったのを真水で洗い、今は動作していますが、内部に海水が浸み込んでいると動作不良が再発するかもしれません。その時はまたお持ちください」と説明してお渡ししました。

女の子はさっそくキーを押して音楽を楽しんでいました。

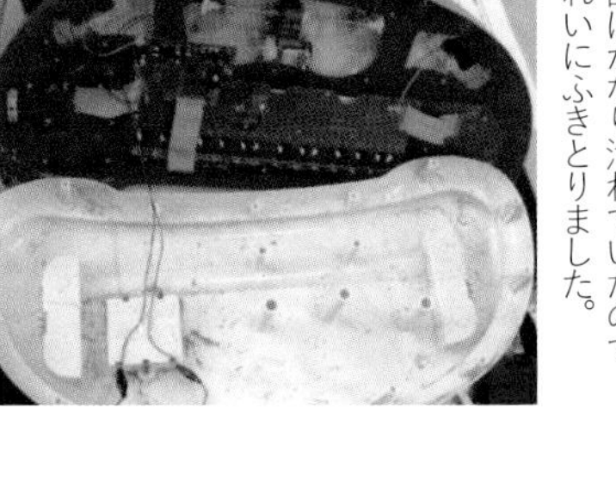

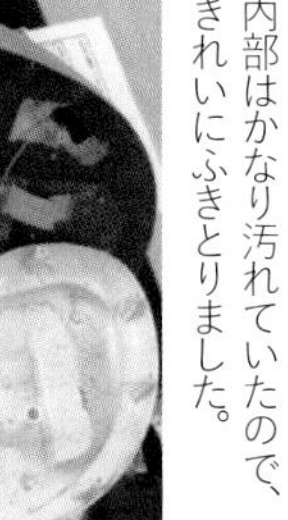

内部はかなり汚れていたので、きれいにふきとりました。

電池端子は真っ赤に錆びていたので、磨きました。

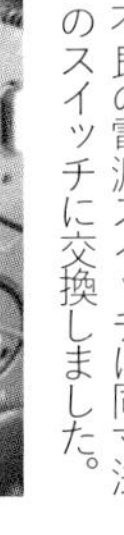

不良の電源スイッチは同寸法のスイッチに交換しました。

ピアノが直ってさっそく演奏会です。

大震災を乗り越えて

地　球　儀

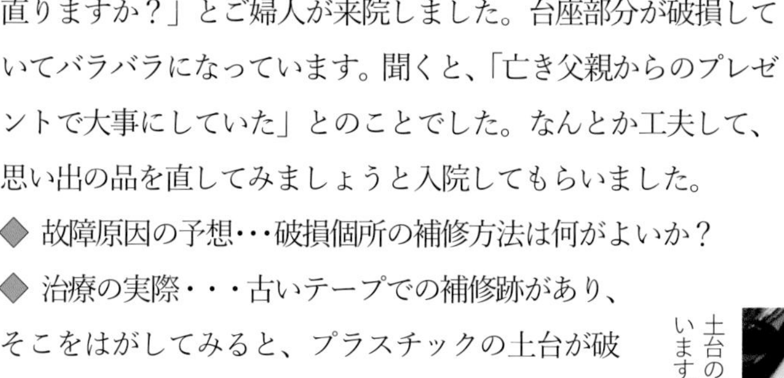

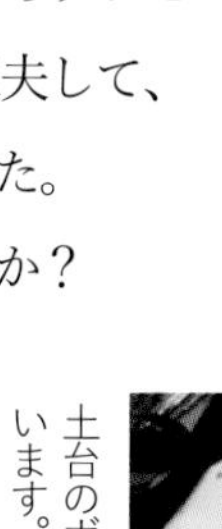

◆ 症　状･･･大震災の翌年 2012 年 2 月に開いたおもちゃ病院に「大震災の時、棚から落ちて壊れてしまった**地球儀**ですが、直りますか？」とご婦人が来院しました。台座部分が破損していてバラバラになっています。聞くと、「亡き父親からのプレゼントで大事にしていた」とのことでした。なんとか工夫して、思い出の品を直してみましょうと入院してもらいました。

◆ 故障原因の予想･･･破損個所の補修方法は何がよいか？

◆ 治療の実際・・・古いテープでの補修跡があり、そこをはがしてみると、プラスチックの土台が破損し、ひび割れが多数あります。地震の揺れで落ちた時に、地球儀の指示枠を止めるボルトが抜けてしまったようです。

土台のボルト固定部分が破損しています。

土台のひびはプラリペアで補修し、土台頭部の強度を確保するために大きな平ワッシャーで上下をはさみ、ボルトで留めました。

土台と地球儀の固定ボルトは元のものは長さが足りないので、新しいボルトナットを使いました（1／4Ｗのインチ規格を使用)。

土台のひび割れ個所はプラリペアで補修しました。

補修個所は目立たないように金色のプラカラーで塗装しました。

地図に「ソビエト連邦」「ナミビア」と記載されていたので調べてみると、この地球儀は 1991 年 4 月～11 月の製造・購入のものではないかと推察できました。たいへんきれいで、大事に扱われていたことがうかがえます。

平ワッシャーをボルトではさみ、強度を取りました。

翌月、きれいに直った地球儀を依頼者にお返しした時、「父の思い出です」と涙ぐんでおられました。大震災をひとつ乗り越えられたようで、うれしかったです。

昭和が生き返った　おはなしよびだし電話

◆ 症　状･･･「孫がおもちゃに興味を持つようになったので、昔子どもが遊んだのを出してきたら動かないのです」と、依頼者が昭和50年代のダイヤル式電話のおもちゃ**おはなしよびだし電話**を持ってきました。

◆ 故障原因の予想･･･電池端子に錆があるのかも？

◆ 治療の実際･･･中を見ると、なんと、音声はレコードを再生するしかけです。ベルトは大丈夫なのかなと心配しながら、モーターに荷電したら、モーターは回転しました。慣らし運転のため、しばらくモーターの回転を続けました。

まだ十分に使えるようです。

ベルトはまだ動くので交換せず、錆びていた電池端子を磨きました。

機構部のバネ接点部を磨き、接点復活剤を塗布しました。また、ケースの一部がひび割れていたので、内側からプラリペアで補修しました。

6個あるボタンを押すと、6種類のお話しをするという動作がOKとなりました。古いので無理かなと思っていたダイヤル電話機が動くようになり、依頼者からはとても喜んでもらいました。

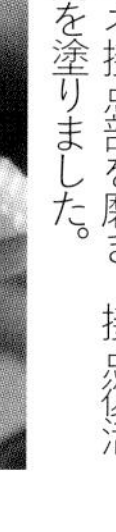

バネ接点部を磨き、接点復活剤を塗りました。

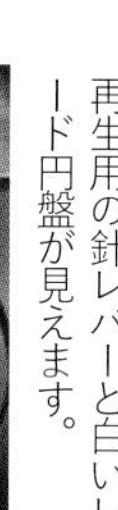

再生用の針レバーと白いレコード円盤が見えます。

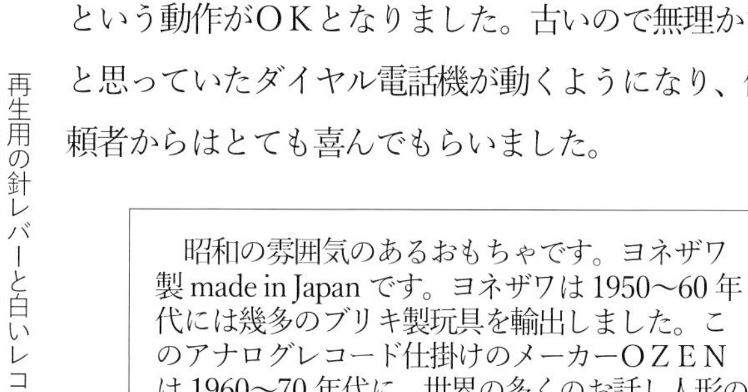

昭和の雰囲気のあるおもちゃです。ヨネザワ製made in Japanです。ヨネザワは1950～60年代には幾多のブリキ製玩具を輸出しました。このアナログレコード仕掛けのメーカーOZENは1960～70年代に、世界の多くのお話し人形のトーキングユニットに使われていたそうです。

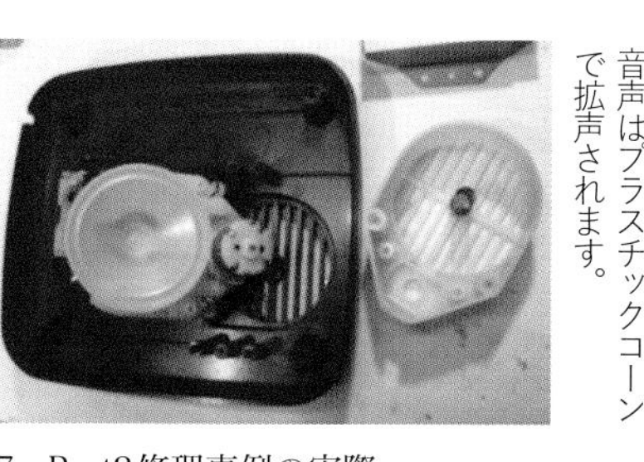
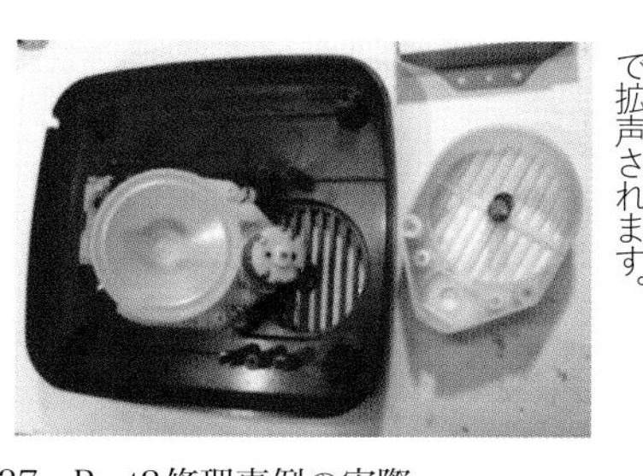

音声はプラスチックコーンで拡声されます。

6つのボタンがレコード針の異なる再生個所を決め、別々のことばを話します。

昭和が生き返った

ラジコンカー　ポルシェ

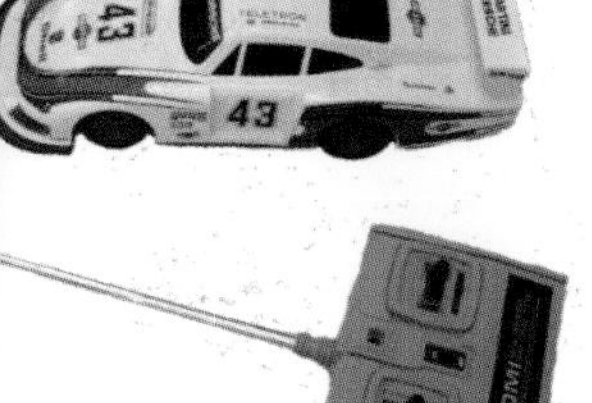

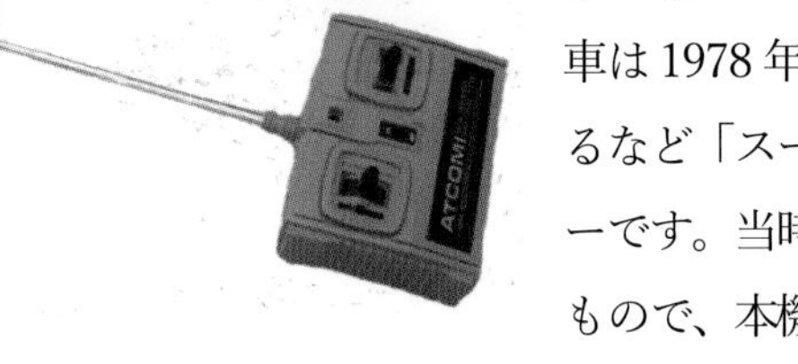

◆ 症　状･･･「車輪は回るんだけど床に置くと走らないのです」と、数十年走らせていなかった**レーシングカー・ポルシェのラジコンカー**を持って父親と子どもが来院しました。大事に取っていた箱には「ポルシェ 935-78」とあります。この車は 1978 年製造のモデルで、ルマン 24 時間レースで勝利するなど「スーパーカー」の代名詞ともいうべきレーシングカーです。当時はプラモデルやラジコンカーのモデルになったもので、本機もそのひとつです。

◆ 故障原因の予想･･･モーターは動くので、ギヤに不具合があるのでは？

◆ 治療の実際･･･電池を入れて動作確認すると、リモコン操作（前進・後進、左右ラダー）には反応するが走りません。モーターの空回り音がします。

　さっそく車体を分解し、ギヤボックスを調べました。ギヤがバラバラにならないよう注意してギヤボックスのカバーを外すと、モーターピニオンギヤが予想どおり割れていました。８歯ピニオンギヤを交換することにし、モーター軸に新しい８歯ギヤを圧入しました。復元組み立てをし、全体の動作テストもＯＫでした。

　往年のあこがれのスーパーカーが蘇りました。

　パパが遊んだポルシェを子どもにバトンタッチできてうれしいとお父さんはおっしゃっていました。

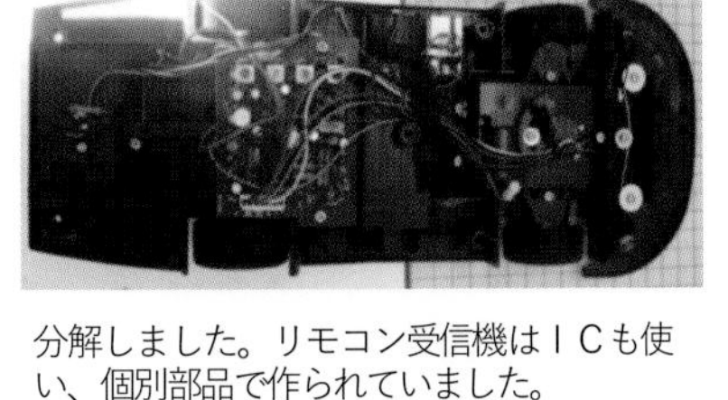

分解しました。リモコン受信機はＩＣも使い、個別部品で作られていました。

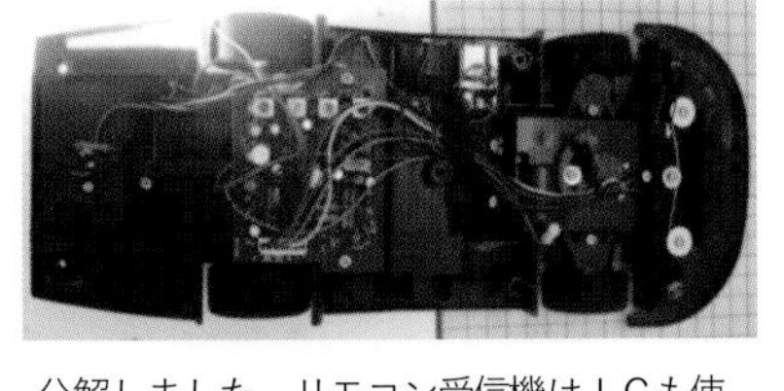

ギヤボックスを取り出しました。

年季の入った箱の絵がすてきでした。

モーター軸のピニオンギヤを交換しました。

昭和が生き返った　メカゴジラ

◇ 症　状･･･かなり昔（昭和 60 年代）の怪獣ロボット**メカゴジラ**を持って「破損しているのですが、直りますか？」と、父親と男の子が来院しました。

昭和 29 年のゴジラ映画第 1 作以来、今に至るまで、おもちゃでもゴジラの人気はあいかわらず高いです。依頼品は全長 60cm ほどで単 2 乾電池 2 本を使用していて、なかなかの迫力です。右脚のパーツが破損しており、古い接着剤で修理しようとした跡がありました。強度が取れなかったのでしょう。

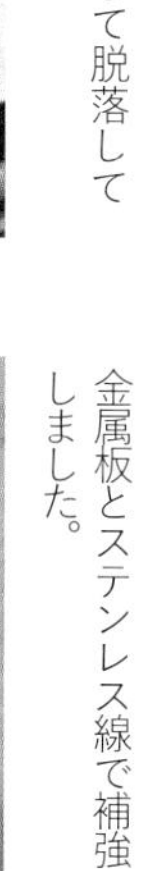

右脚部が破損して脱落しています。

ある時期、男の子は変身ものや怪獣のおもちゃに熱中するようです。成長するにつれて好みは変化していきますが、こわれたものも直して次の世代にバトンタッチしてほしいものです。

◇ 故障原因の予想･･･破損箇所の強度をどうやって確保しようか？

◇ 治療の実際･･･調べるとモーターは動きます。接着の修理跡は古い接着剤をきれいに取り除きました。十分な強度が必要なので、動きで当たらない個所に補強の金属板をつけました。さらにそこと脚部とを細ステンレス線でしばって固定し、プラリペアを厚盛りし強度を取りました。

金属板とステンレス線で補強しました。

電池ボックスのふたもプラ板で製作しました。

全体の動作確認はＯＫで、ノッシノッシとゆっくり歩行前進する姿は圧巻です。

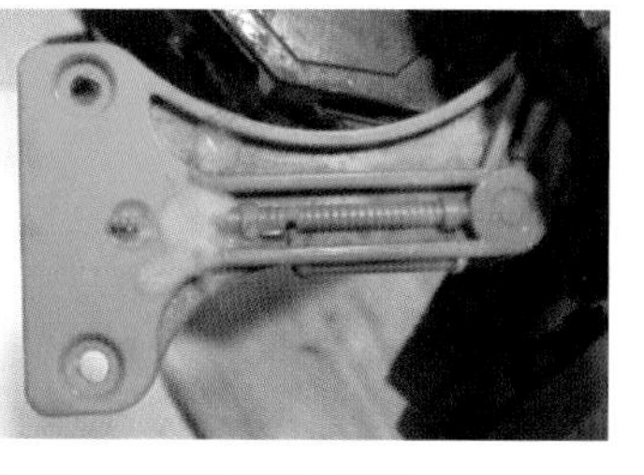

表側もプラリペアで補強しました。

電池ボックスのふたを製作しました。

癒し系のおもちゃ

コ　プ　エ　ル
~プリモプエルと仲間たち~

◆ 症　状･･･お話しをする人形として知られる**プリモプエル**の仲間の一つ、**コプエル**がやってきました。右手、左手、しっぽや胸などを押すとお話しをするスイッチがあるのですが反応しません。

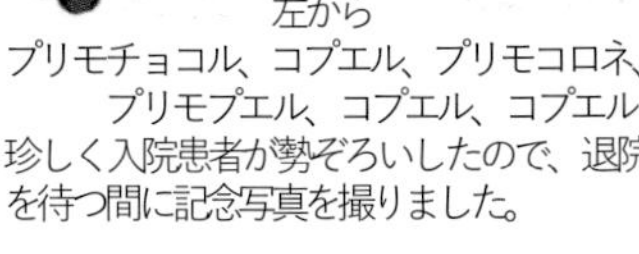

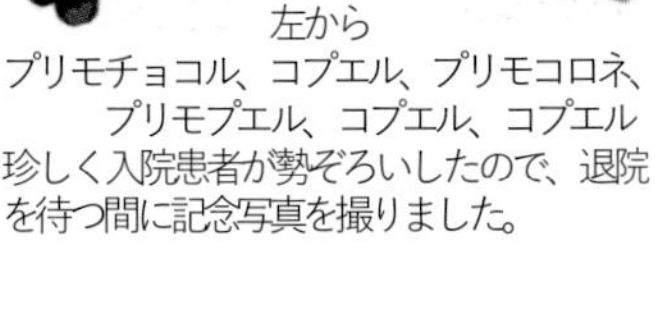

左から
プリモチョコル、コプエル、プリモコロネ、
プリモプエル、コプエル、コプエル
珍しく入院患者が勢ぞろいしたので、退院を待つ間に記念写真を撮りました。

治療にはぬいぐるみをほどいたり、縫ったりするのに時間がかかるので入院してもらうことにしました。

◆ 故障原因の予想･･･スイッチ部の断線や接触不良があるのではないでしょうか？

◆ 治療の実際･･･調べてみると、電池端子に腐食がありました。プラス端子とマイナス端子の錆を回転やすりや歯ブラシなどできれいに落としました。そして、右手や左手、しっぽのぬいぐるみの糸をほどいてスイッチ部分を取り出してみると、リード線もスイッチ部パーツの根元が折れて断線しています。ビニール線が経年劣化で固くなっているためで、各部のリード線を延長して接続しました。

縫い戻しはカーブ針を使って「コの字綴じ」にしました(P.97の「修理の小技」の項を参照して下さい)。

全体の動作もＯＫでした。

コプエルの修理を依頼された方は目が不自由で、十数年前に製造販売されたコプエルを大事にしていて、そのおしゃべりに日々癒されているとのことでした。

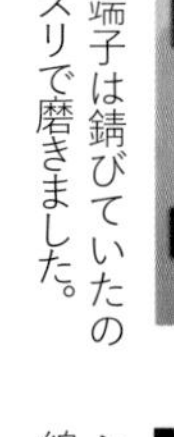

電池端子は錆びていたのでヤスリで磨きました。

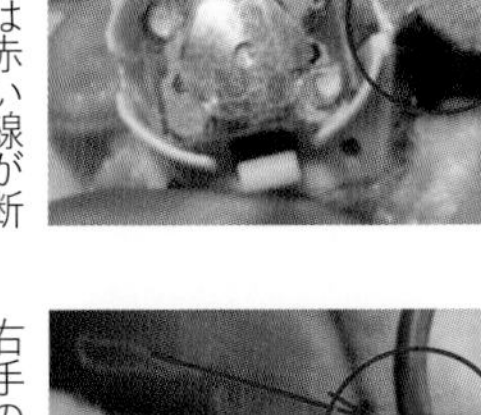

シッポは赤い線が断線していました。

右手の青い線が断線していました。

スイッチからの線を2本とも延長接続しました。

1999年に**プリモプエル**がお話しをする人形型ぬいぐるみとして登場して以来、何種類ものシリーズモデルがあります。手や足、胸などにスイッチや音を拾うセンサーなどがあり、それに触れたり、声をかけたり、だっこしたりすると反応しておしゃべりをしたり、歌を歌ったりします。ちょっとテンポがずれた様子などもまた可愛くて、ヒーリングパートナーとして子どもだけでなく、年を召された方々にも愛されています。

癒し系のおもちゃ

着せ替え人形 ポポちゃん
~ミルクのみ人形~

◆ 症　状・・・ポポちゃんと呼ばれている**着せ替え人形**は身長約50cm､重さは2kgくらい。赤ちゃんを抱いている感じにぴったりの人形です。以前にも来院されたことがありますが、今回は頭が首から取れてしまい、目も動かなくなったとのこと。高齢の依頼者はこのポポちゃんにおしめをあて、幼児の服を着せて自分の子どものように可愛がっていました。

◆ 故障原因の予想・・・接着部の強度不足とパーツの破損か。

前回の修理の様子

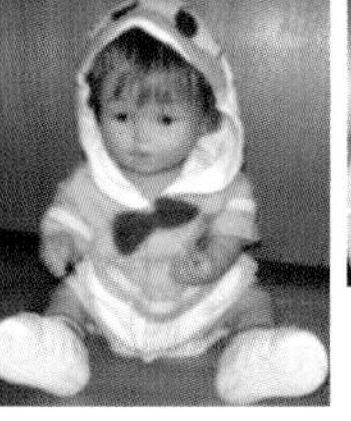

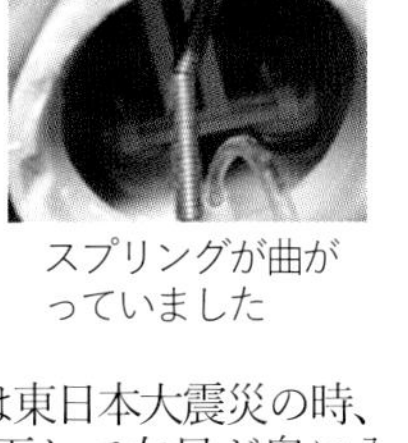

スプリングが曲がっていました

このポポちゃんは東日本大震災の時、高いところから落下して右目が奥に入り、目が左右に動かなくなったのを修理したことがあります。頭部を外し、内部の目を動かす仕掛けの棒スプリングが「くの字」に曲がってしまったのを直し、目玉が左右に動くようになりました。

◆ 治療の実際・・・前回の修理の際の接着剤が弱かったため首が取れてしまったのです。また、目を動かす仕掛けのプラスチック部品が折れていたため、その折れた部品を取り出し、細いステンレス線で補強してプラリペアで接着。また、目玉も顔から外れやすくなっていたので、ホットボンドで固定しました。

前の接着剤のカスが残っていると接着力が弱くなるので紙ヤスリでしっかりと除きました。接着剤はボンドSUプレミアムソフトを使いました（接着剤メーカー社員のアドバイスです）。

目の動きが良くなるように首の位置を調整して小ネジで止め、補強して接着すると、左手の動きに連動する目玉の動きが良くなりました。

直ったポポちゃんを見て、依頼者はたいへん喜んでくれました。

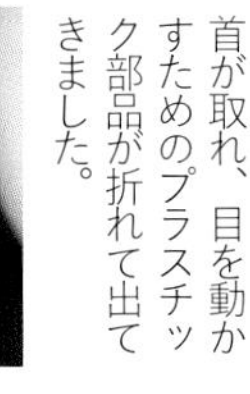

首が取れ、目を動かすためのプラスチック部品が折れて出てきました。

折れた部品はピンで補強してプラリペアで接着しました。

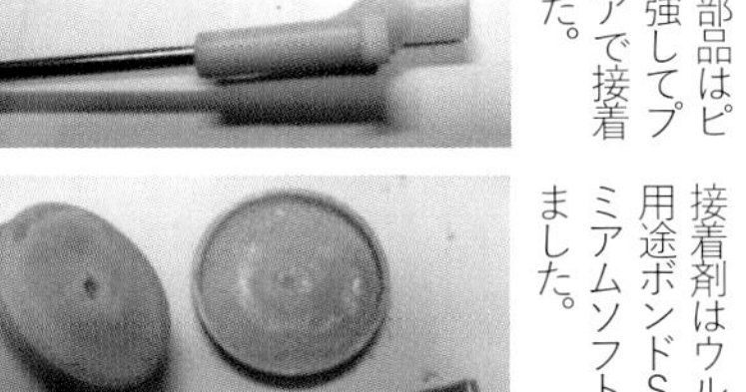

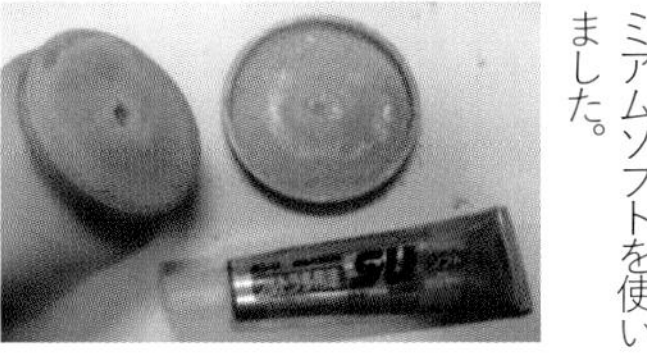

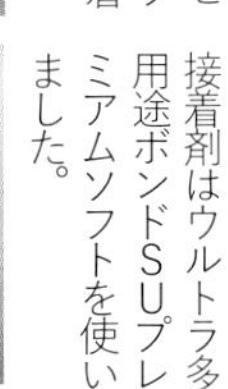

接着剤はウルトラ多用途ボンドSUプレミアムソフトを使いました。

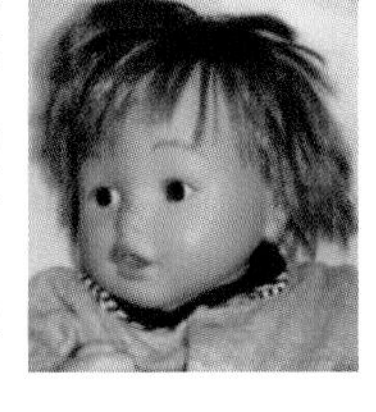

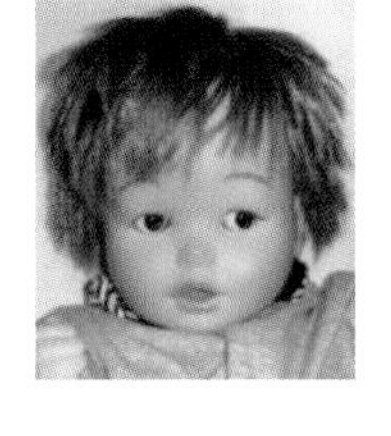

左手を動かすと目玉をクリクリと動かします。

癒し系のおもちゃ

ダッキー
～ ぬいぐるみ犬 ～

◆ 症　状･･･**ダッキー**は体長約 30cm、重さは 1kg くらいのお話しをするぬいぐるみ犬です。「電池を交換した後の設定がうまくできない」とのことで来院しました。

ダッキーは「おはよう」「寝る時間でしょ」「寒いね」などと季節や時間に合わせたお話しをしたり、童謡などの歌を歌ったりして、持ち主の気持ちを癒してくれるパートナーなのです。

◆ 故障原因の予想･･･前脚についているセンサーボタンに接触不良があるのではないか？

◆ 治療の実際･･･新しい電池を入れ、初期設定をしてみると両前足、背中、頭の各部にある「なでなでセンサー」の動作はＯＫのようです。しかし、コイン電池 CR2032 が入っていなかったので、電池を入れて様子をみると、額にある「お話しセンサー(＝マイク)」が動作していないようでした。

いわゆる「頭部切開手術」をしてマイクを調べました。配線の怪しい個所をハンダ付けし直して全体の動作試験をすると、お話しセンサーが動作するようになりました。

全体を復元し、縫い戻しをして、動作はＯＫとなりました。だっこ姿勢（頭を上）で、お話しセンサーに反応します。ラジオを聞かせてテストをしました。説明書がなかったので、メーカーのホームページに載っていたものを参考にしました。

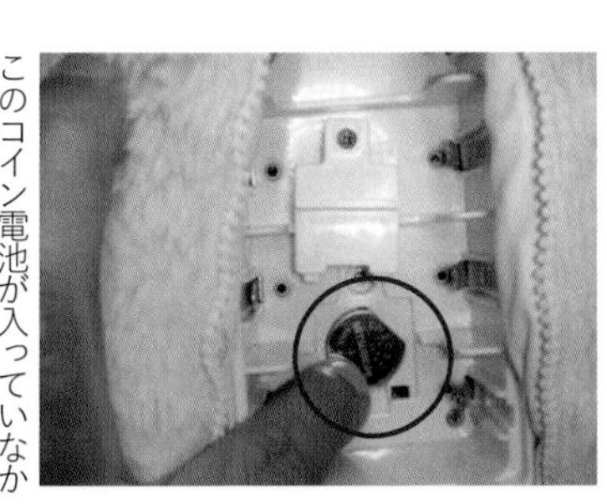

このコイン電池が入っていなかったのであらたに入れました。

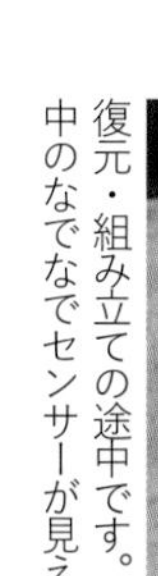

復元・組み立ての途中です。頭と背中のなでなでセンサーが見えます。

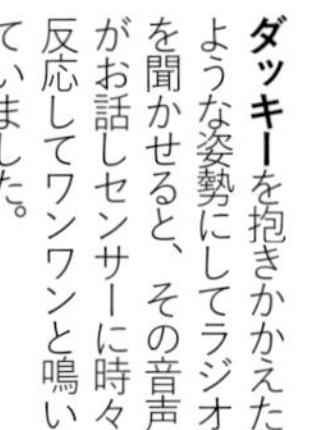

ダッキーを抱きかかえたような姿勢にしてラジオを聞かせると、その音声がお話しセンサーに時々反応してワンワンと鳴いていました。

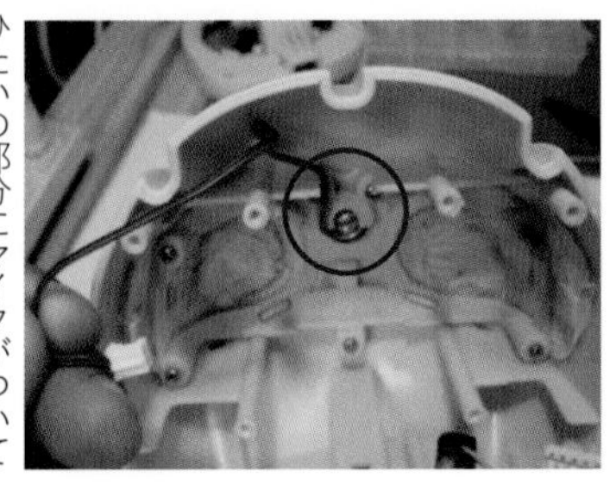

ひたいの部分にマイクがついています。

破損しても直せる

オルゴール人形 ひも付きメリー

◆ 症　状･･･**メリー**は昭和 50 年頃の人形です。オルゴールが内蔵されていて、ひもを引くと音楽が鳴り、手足や目玉が動く人形ですが、「ひもを引いても動かない」といって来院しました。「昔、祖母にもらったものですが、娘に遊ばせたいと思って」とのことでした。三代にわたるおもちゃです。

◆ 故障原因の予想･･･オルゴールのゼンマイなど、機構部に不具合があるのかも？

◆ 治療の実際･･･手足の動きがロックしているので、人形を分解して各部を清掃し、軽くシリコンスプレーをかけたら動くようになりました。長くしまっていたため、可動個所が癒着していたのでしょう。

ひもを引くとオルゴールは音楽が鳴り、ＯＫです。しかし、体の動きは回復しません。チェックすると、オルゴールの曲ドラムの平歯とかみ合うクランクについているピニオンギヤが取り付け軸で空回りしていました。

ギヤと軸のどちらも金属製だったので、ポンチを打って固定できました。

再組み立てをし、全体の動作がＯＫとなりました。その場でお返しでき、喜んでいただけました。

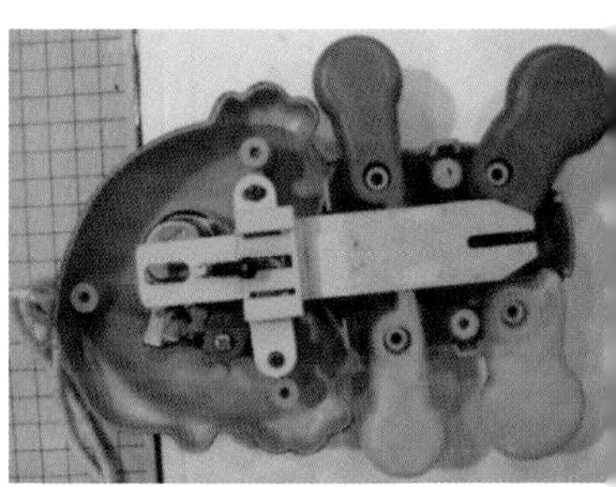

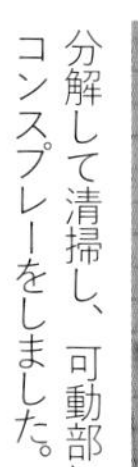

分解して清掃し、可動部にシリコンスプレーをしました。

空回りしていたギヤは軸の中心をポンチで強く打ち込み、ギヤと軸とを固定させる「かしめ工法」を用いました。

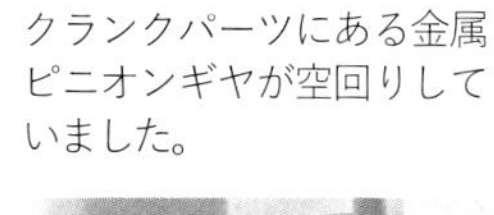

クランクパーツにある金属ピニオンギヤが空回りしていました。

破損しても直せる

バズ飛行機・バズ電話

◆ 症　状・・・依頼者のお子さんはコンピューター・アニメーション映画『トイストーリー』のメインキャラクター・バズライトイヤーが大好き。いっぱい遊んだ様子で破損個所がいくつもある**バズ飛行機**と、音の出ない**バズ電話**を持って来院しました。

◆ 故障原因の予想・・・可動部分が破損しないように接着にどのように気をつけるか？

◆ 治療の実際・・・「バズ飛行機」の主翼や尾翼ほか多くの破損個所がありました。尾翼は瞬間接着剤と可動部が他のところに当たらないようにプラリペアを使って補強しました。

破損した右エンジンパーツは正常な左エンジンパーツで型取りをし、壊れた個所を瞬間接着剤で付けた後、型にはめてプラリペアを流し込んで形を復元し、赤い色で補修塗装をしました。

折れた左主翼回転軸は瞬間接着剤で接着した後、動かしても当たらない個所をプラリペアで補強しました。

組み立てて、動作ＯＫです。

「バズ電話」は電池端子からの配線が断線していたので接続し、ＯＫとなりました。

バズライトイヤーの「無限の彼方へ！さあ行くぞ！」という声が聞こえ、お子さんは楽しく遊ぶことでしょう。

①②③

破損個所が①右尾翼、②左可変主翼、③右エンジンにありました。

破損しているパーツを型に入れてからプラリペアを流し込みます。

右が修復後のエンジンパーツです。

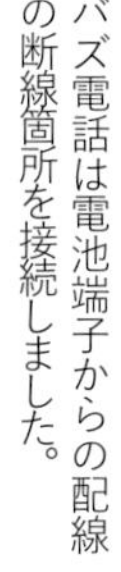

バズ電話は電池端子からの配線の断線箇所を接続しました。

破損しても直せる　ショベルカー

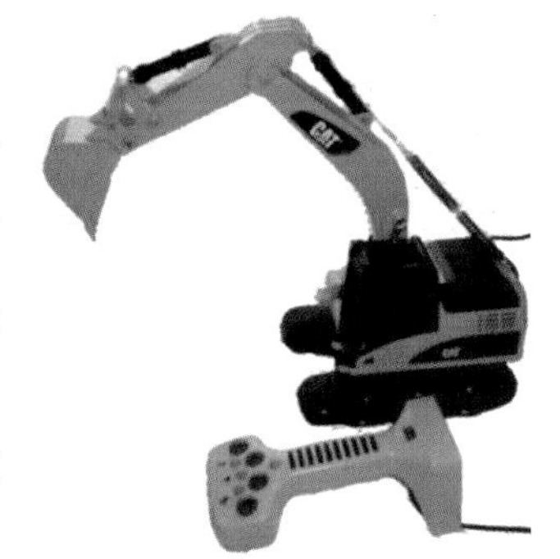

◆ 症　状･･･アームを伸ばすと60cmほどになる大きな有線リモコン式の**ショベルカー**です。「リモコンのコードが切れてしまい動かないのですが、直りますか？」といって来院しました。はじめ、コードをつなぐだけで直ると思って修理を進めたのですが、ギヤの動きも悪いので入院して直すことにしました。

◆ 故障原因の予想･･･リモコンケーブルの断線のほかに、ギヤ部の不具合もあるようです。

◆ 治療の実際･･･よく見ると、リモコンケーブルが車体とのつけ根のところで断線していました。分解し、そのリモコンケーブルの６本のリード線を色ごとに接続しました。

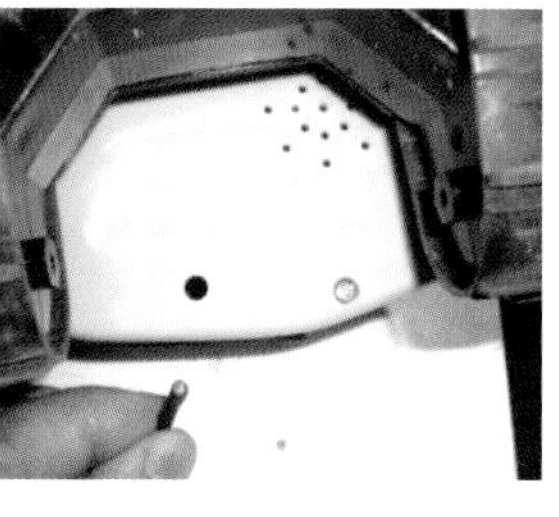

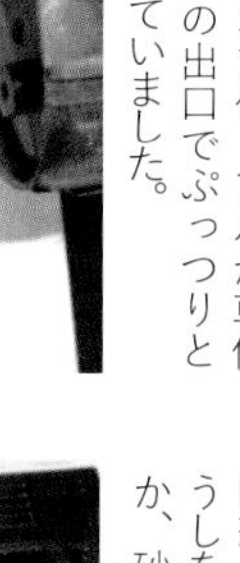

リモコンケーブルが車体からの出口でぷっつりと切れていました。

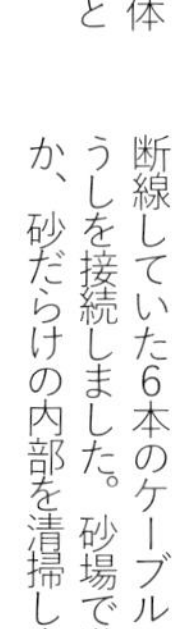

断線していた6本のケーブルは同色どうしを接続しました。砂場で遊んだのか、砂だらけの内部を清掃しました。

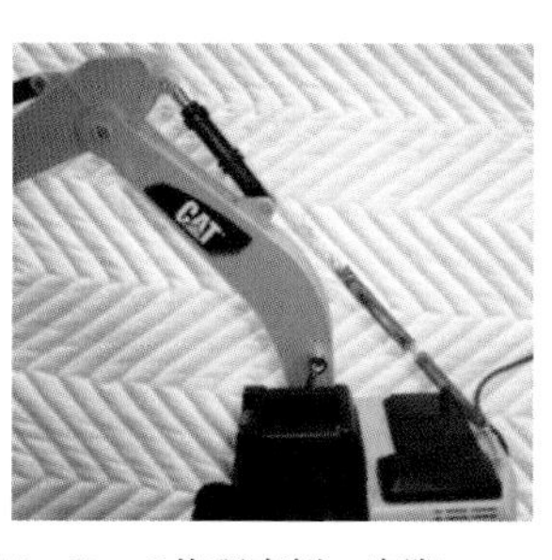

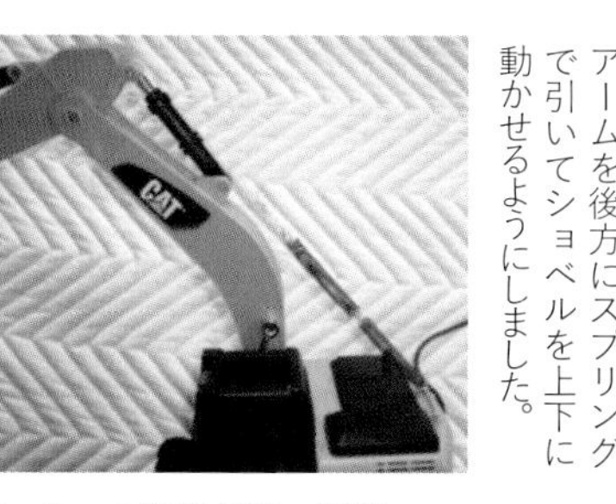

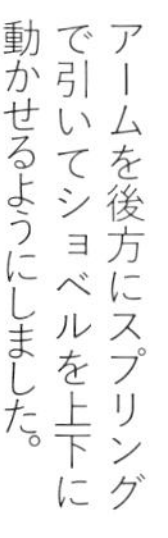

アームを後方にスプリングで引いてショベルを上下に動かせるようにしました。

砂だらけの内部をきれいにし、有線リモコンで作動させると、とりあえず動くようになったのですが、上方には空回りしてあがりません。ギヤボックスを分解してみると、クラッチ機構部の負荷が重くて空回りしています。重機アームをギヤボックスクラッチ板で動かすのは少々負荷が大きいようで、このクラッチ板が摩耗したのでしょう。

このままでは修理が不可能なので、いろいろ考えた結果、手持ちのスプリングでアームを後方へ引っ張ってみると、上方と下方への動きが回復しました。

返却する時、お母さんに「できるだけ砂場で遊ばないでくださいね」と説明しました。子どもはクレーン車やブルドーザー、ダンプカーなどの働く作業車が大好きなのです。その後の調子はどうでしょうか？

リモコンケーブルが車体に引っかかりやすかったので、支障ないように固定しました。

破損しても直せる

季節のおもちゃ お雛様

◆ 症　状・・・おもちゃ病院には季節になると来院する患者さんがあります。クリスマスシーズンには点灯しなくなった「クリスマスツリー」や音楽や踊りをしなくなった「踊るサンタクロース人形」などです。今回は３月が近くなった２月の開院日に、お孫さんのために、しまっていた**お雛様**を出してみたら、壊れているところがあるのですが直りますか、といっておばあさんが訪れました。お雛様の髪留めなどが取れていました。

◆ 故障原因の予想・・・パーツをうまく接着できるだろうか？

◆ 治療の実際・・・お雛様の取れた髪留めを見ると、金属パーツが折れています。どう接着しようかと考えたすえ、ホットボンドを使って形を整えて接着しました。

今回、お内裏様（だいりさま）そのものは来院しませんでしたが、お内裏様の冠だけを持ってこられ、その冠の直立した飾りが折れていたので、裏側に薄プラスチック板で補強して瞬間接着剤で接着しました。うまくピンと立ちました。きっと凛とした顔立ちのお内裏様なのではないでしょうか。

髪飾りの金属パーツが折れて取れていました。

ホットボンドで接着しました。

もうひとつ、一緒に持ってこられた小さな男雛・女雛のペア飾りは、お内裏様の冠が取れていたので、接着し直しました。

ひな飾り直前のおもちゃ病院に持ってこられ、当日に直ったので、依頼者のおばあさんはさっそく飾ることができますとたいそう喜んでいました。

お内裏様の冠飾りがピンと立ちました。

小さなお雛様ペアも直りました。

破損しても直せる

おやすみメリー

◇ 症　状･･･**おやすみメリー**はベビーベッドに取り付けたり、床にも置けるようになっていて、赤ちゃんを安らかな眠りにさそうおもちゃです。子守唄やママのお腹にいた時に聞いたザッザッという安心音が選べ、小さなぬいぐるみがユラユラ回転して赤ちゃんを寝かしつけるのに役立ち、ママは大助かり。ある日、ひとりのママが、その赤ちゃん用の「おやすみメリー」を持って来院されました。見るとメロディは鳴っていましたが、ゆっくり回転するはずのメリーちゃんはモーターの動く音がするだけで、回っていませんでした。

ぬいぐるみは持ってきませんでした。

◇ 故障原因の予想･･･内部のギヤが割れて空回りしているのかも？

頭部ギヤボックスを分解しました。

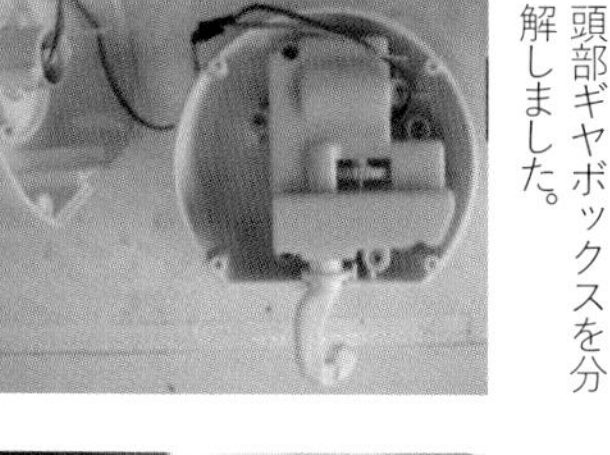

ギヤが割れていて空回りしていました。

右 新10歯ギヤ
左 割れたギヤ

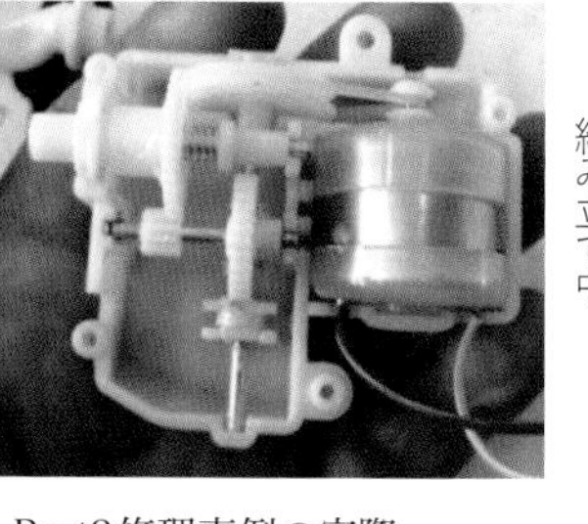

ギヤボックスの組み立て中。

◇ 治療の実際･･･まず、頭部のギヤボックスの分解を進めました。バラバラにならないように注意してカバーを開け、各ギヤをよく観察すると、何段ものギヤで回転数を減速するのですが、その最終段の10歯のギヤが割れていて、軸の位置もずれているのがわかりました。これが壊れるのは、どうしても小さなお子さんがひっぱったりしがちで、力がかかってしまうからでしょう。

部品として持っていた10歯のピニオンギヤは同寸法でしたが、直径2.0mmの軸径が少し太くて挿入しにくかったので、直径2.1mmのドリルで穴を広げて新しいギヤを圧入しました。たぶん、これで大丈夫、とギヤボックスを組み上げて動作試験をし、全体を復元しました。メロディやメリーの回転など、全体の動作確認はＯＫでした。

入院でなく、その日に返却できたので、依頼者は帰ったらすぐに使えると喜んでいました。

破損しても直せる

オルゴール人形 白鳥の湖

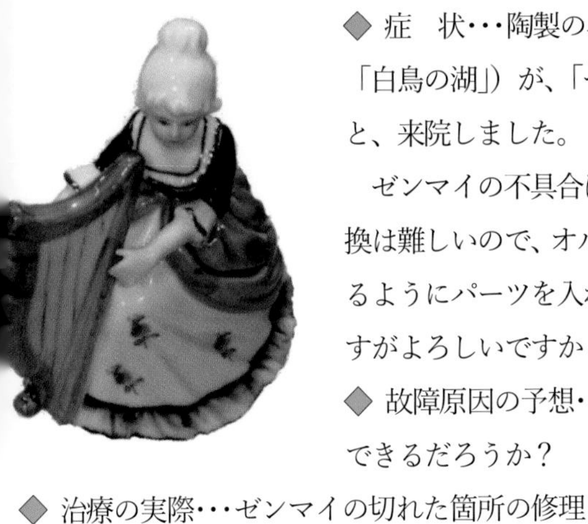

◆ 症　状・・・陶製のハープを奏でる**人形のオルゴール**（曲は「白鳥の湖」）が、「ゼンマイが巻けませんが、直りますか？」と、来院しました。

ゼンマイの不具合は単に外れた場合もありますが、通常、交換は難しいので、オルゴールメカを交換して、同じ曲を演奏するようにパーツを入れ替えます。その場合、部品代がかかりますがよろしいですか？ と確認して入院してもらいます。

◆ 故障原因の予想・・・ゼンマイの切れたメカの交換がうまくできるだろうか？

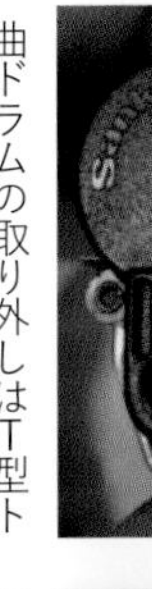

左が故障品で、右が用意した同型のサンキョー製オルゴールです。

曲目　左／白鳥の湖　　右／永遠

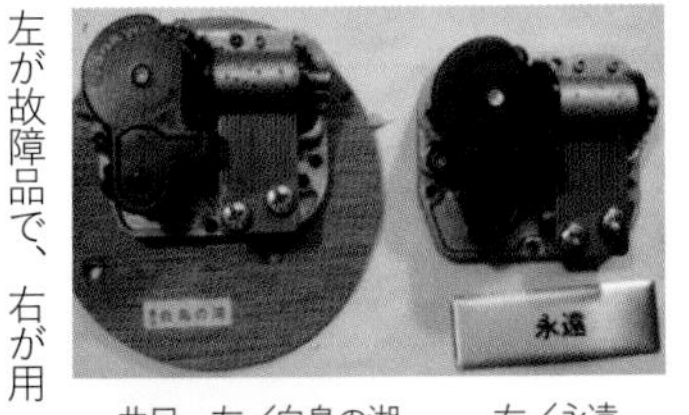

曲ドラムの取り外しはT型トルクスレンチ（規格T15）で回せます。

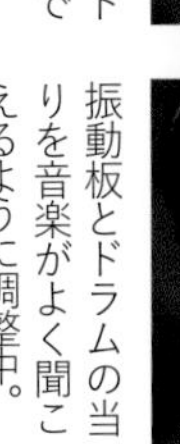

振動板とドラムの当りを音楽がよく聞こえるように調整中。

◆ 治療の実際・・・ゼンマイの切れた箇所の修理は難しいです。同形のオルゴール（Sankyo18弁タイプ）の手持ち品で交換しました。この18弁タイプは極めて普通の標準品です。

当然のことながら曲目が異なるので、音楽が刻まれているドラムと振動板をペアで入れ替える必要があり、元の曲ドラム「白鳥の湖」と対の振動板を用意したメカに入れ替えて組み立てました。確実に工具を使うことで交換作業はスムーズに行えました。さすが同じ「Sankyo製」です。

ドラムと弁の間隔の位置を、元の「白鳥の湖」が正しく聞こえるように調整しました。

オルゴール音楽を奏で、回転する人形の動きも優雅に復元できました。

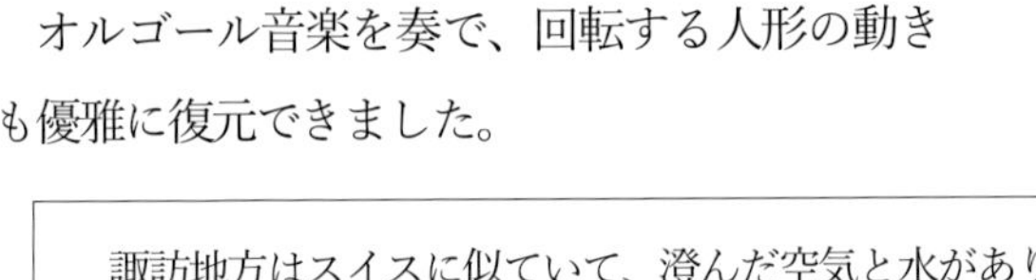

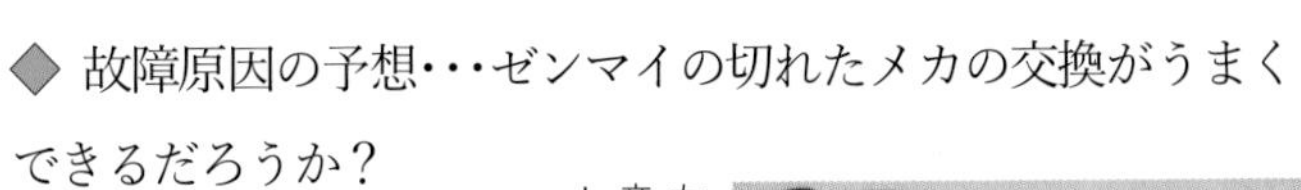

諏訪地方はスイスに似ていて、澄んだ空気と水があり、時計などの精密機械技術が育っています。諏訪湖の畔に、戦後すぐに三協精機製作所が創業し、オルゴールが作られました。世界のオルゴールシェアの9割を誇った時期もあったそうです。「Sankyo」と名前が入っています。

今でこそ廉価なオルゴールメカがありますが、修理に来るものや、リサイクル店で見る宝石箱や写真立てなどに組み込まれているオルゴールはほとんど全てが「Sankyo」製です。オルゴールメカの規格寸法は同じで、精度も高く、故障パーツの入れ替えが可能です。

オルゴールのしくみについて

オルゴールの主要なパーツと音楽が鳴る構造を下記に示します。

A　**香箱**：駆動源となるゼンマイが収納されています。
B　**ドラム**（メロディをプログラムした部分）：円筒表面の突起は楽譜でいう音符に当たり、ドラムが回転すると表面の突起が振動板を弾くしくみです。
C　**振動板**（オルゴールの音を出す部分）：櫛の目のように分かれた１本１本を弁と呼びます。曲目によって音の並び方が異なります。標準品は 18 本の弁があります。
D　**調速機構**（ガバナー）：回転体（ゴムの部分）が高速に回転すると、その摩擦抵抗によりゼンマイの力がコントロールされ、スピードを一定に保ちます。
E　**フレーム**（オルゴールの土台）：オルゴールの機械を取り付けた製品へ音を伝えて共鳴させ、豊かな音量を得る役割を果たします。

標準的な１８弁タイプのオルゴール

分解

標準的な１８弁タイプのオルゴールを分解した各パーツ（主要部　A、B、C、D、E　）

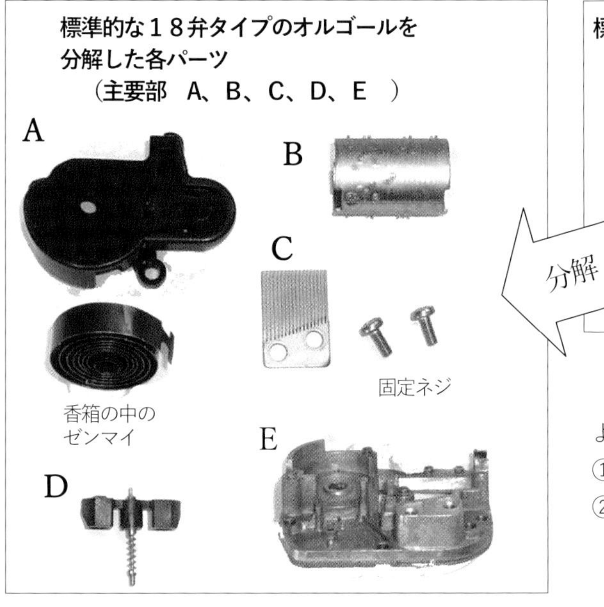

よくある故障には、
①調速機構が動かない
②機構部が動かなくて音楽が鳴らない
（曲ドラムと弁を別のメカに載せ替えて修理します）
③ゼンマイ軸の空回り
④ゼンマイ切れ
などがあります。

オルゴールの曲を変えずに、ドラムを載せ替える場合は、ドラムと振動板が一体なので一緒に交換しないといけません。

数種類のギヤ、軸、ぜんまい巻き　など

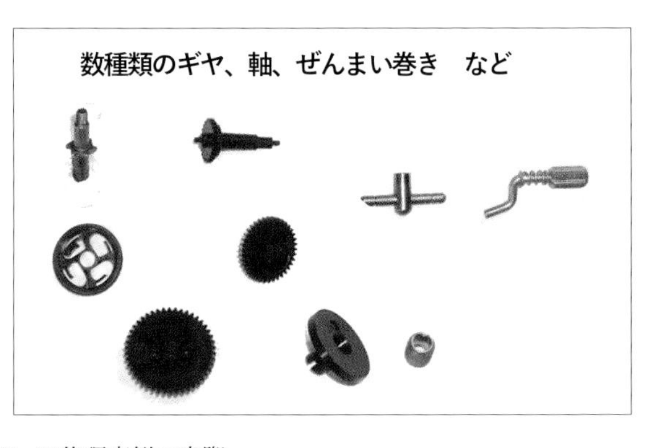

破損しても直せる

オルゴールメリーゴーランド

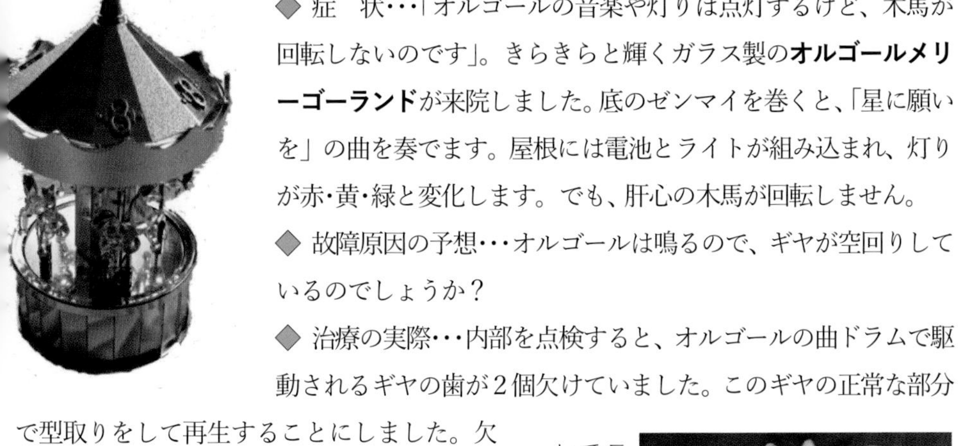

◆ 症　状･･･「オルゴールの音楽や灯りは点灯するけど、木馬が回転しないのです」。きらきらと輝くガラス製の**オルゴールメリーゴーランド**が来院しました。底のゼンマイを巻くと、「星に願いを」の曲を奏でます。屋根には電池とライトが組み込まれ、灯りが赤･黄･緑と変化します。でも、肝心の木馬が回転しません。

◆ 故障原因の予想･･･オルゴールは鳴るので、ギヤが空回りしているのでしょうか？

◆ 治療の実際･･･内部を点検すると、オルゴールの曲ドラムで駆動されるギヤの歯が２個欠けていました。このギヤの正常な部分で型取りをして再生することにしました。欠けたギヤ歯を再生するため、型に合わせ、歯の欠けた部分にプラリペア（黒色粉）と液を流し込んでギヤの歯２個を再生しました。それをヤスリで整形して形を調整します。

全体を組み立て、音や灯り、回転などの動作確認をしました。

オルゴールを奏で、灯りの色を変えながら、ガラスの馬が上下してメリーゴーランドが回ります。オルゴールはどこか懐かしく癒されるやさしい音です。部屋を暗くしてクルクル回る様子を見ていると、時間を忘れさせてくれます。

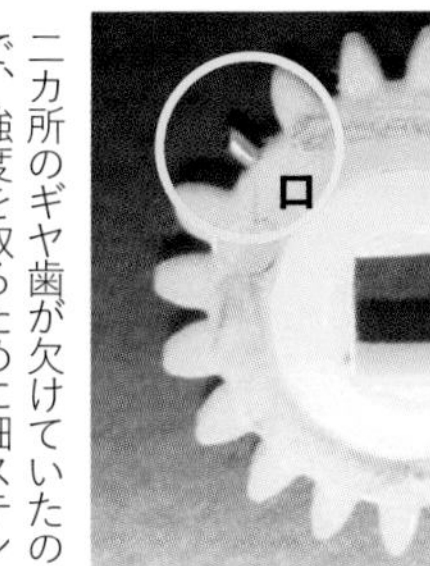

二カ所のギヤ歯が欠けていたので、強度を取るために細ステンレス線を差し込みました。

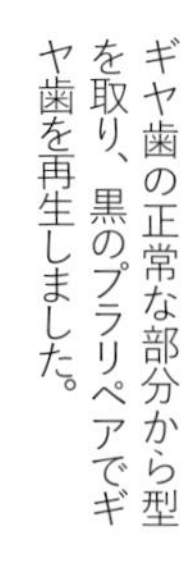

ギヤ歯の正常な部分から型を取り、黒のプラリペアでギヤ歯を再生しました。

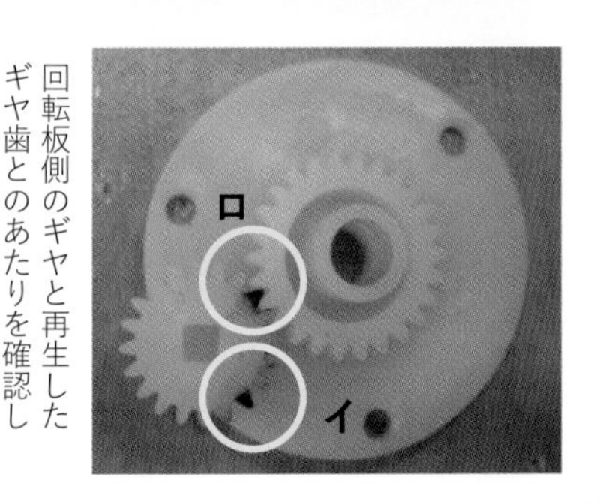

回転板側のギヤと再生したギヤ歯とのあたりを確認しました。

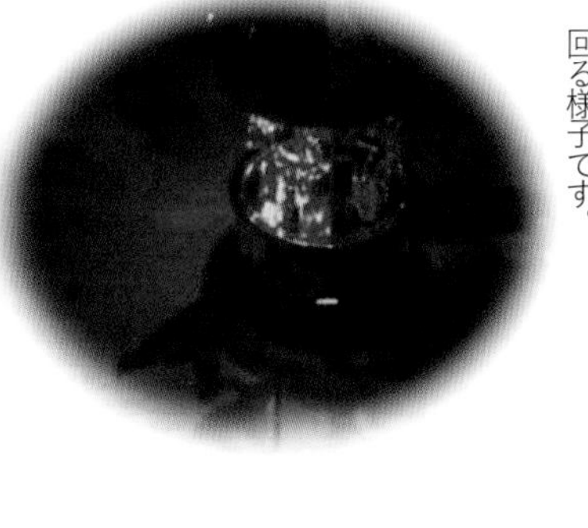

暗い部屋でオルゴールを奏でながらユラユラと灯りが回る様子です。

破損しても直せる

木製レジスター

◆ 症　状･･･ままごと遊びでお店屋さんごっこをするときの**木製のレジスター**を２台持って「引き出しが出てこないのです」と女の子を連れたママが来院しました。

　木製のおもちゃは触った時の感触とシンプルな形がごっこ遊びをする子どもには気持ちがいいのでしょう。

　ママが小さいとき遊んだものを、子どもにまた遊ばせたいと思ったようですが、年数が経っていたのでゴムなどの劣化が出ていて、動きが悪くなっていました。

　この木製レジスターは数字の押しボタンはあっても電子式で表示するわけではありません。後ろ側のつまみを回して数字を表示させます。おのずと指の訓練になり、合計を出すということは算数の足し算の勉強にもなり、店員さんとお客さんとの間の楽しいコミュニケーションにもなります。

1台目

ＯＰＥＮボタンを引っ掛けるしかけのゴムが劣化して切れていました。

◆ 故障原因の予想･･･引き出しを出す仕掛けを復元できるだろうか？

◆ 治療の実際･･･接着されている底板をはがして中を調べると、１台はロック部のゴムひもが切れていました。もう１台は引き出しを押し出すバネが破損しています。

適度な弾力のあるシリコンゴムひもを使って、引き出しのしかけを動かしました。

2台目

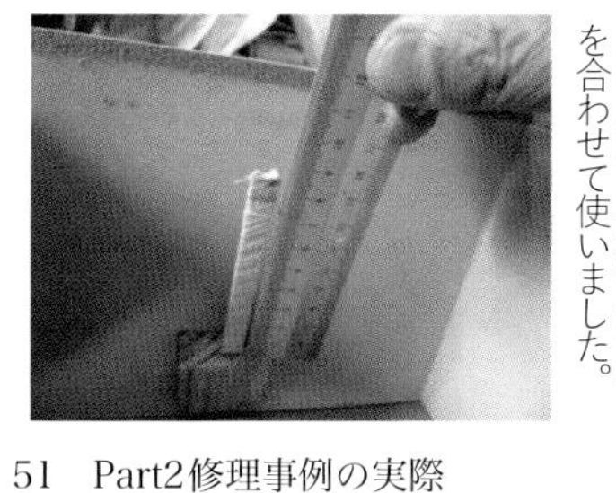

引き出しを押し出すしかけのバネは金鋸刃の長さを合わせて使いました。

　ロック部にはシリコンゴムひもでスプリングをきかせました。押し出しバネは金鋸刃の長さを残っていたものに合わせて切断して利用しました。

　分解した底板を木工ボンドで接着して組み立て、２台とも動作はＯＫとなりました。

　楽しくお店屋さんごっこ遊びをする子どもたちの光景が目に浮かびます。

音がよみがえった　キッズカラオケ

◆ 症　状…おもちゃ病院を開院する時は、その日時と場所を地元新聞の催し物コーナーに掲載してもらったり、ホームページにお知らせを載せたりしています。そのホームページを見たと、市外の少し遠い所から、男の子が壊れた**キッズカラオケ**を持って来院しました。「音楽は鳴るけれど、マイクからの音が出ない」というのです。正常なら15個あるボタンを押して曲を選び、ボーカル付きとカラオケにしてマイクで歌えます。曲は子どもの好きなマーチや童謡が15曲入っていました。

◆ 故障原因の予想…マイクコードの断線かもしれません？

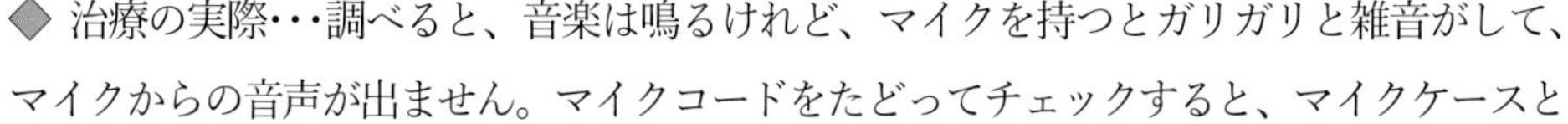

◆ 治療の実際…調べると、音楽は鳴るけれど、マイクを持つとガリガリと雑音がして、マイクからの音声が出ません。マイクコードをたどってチェックすると、マイクケースとコードのつけ根に不具合箇所がありました。よくある故障ですが、マイクコードがケースの出口で断線していたのです。子どもはどうしてもマイクを持って引っ張るので力がかかってしまうのでしょう。

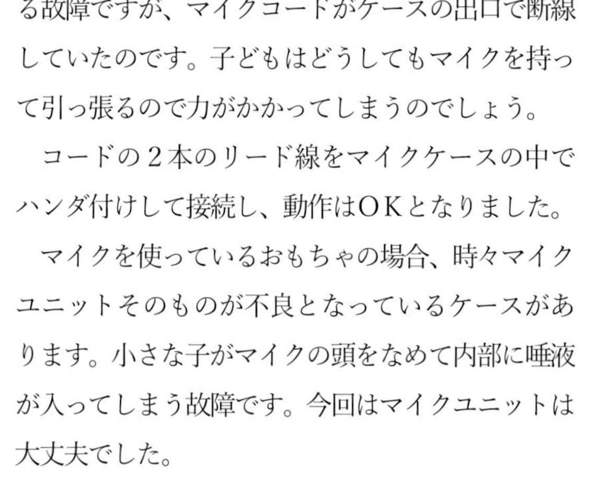

コードの２本のリード線をマイクケースの中でハンダ付けして接続し、動作はOKとなりました。

マイクを使っているおもちゃの場合、時々マイクユニットそのものが不良となっているケースがあります。小さな子がマイクの頭をなめて内部に唾液が入ってしまう故障です。今回はマイクユニットは大丈夫でした。

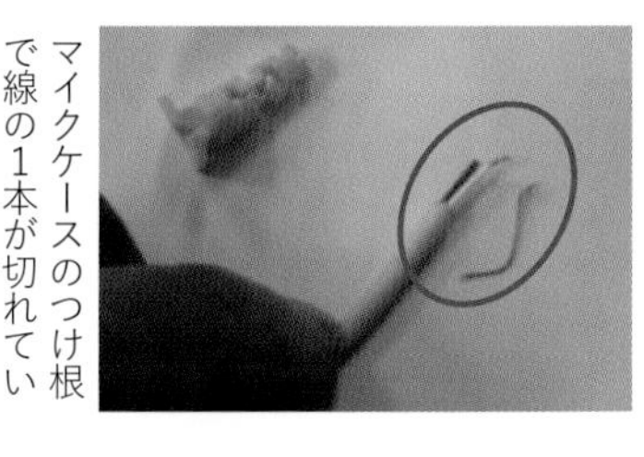

マイクケースのつけ根で線の１本が切れていました。

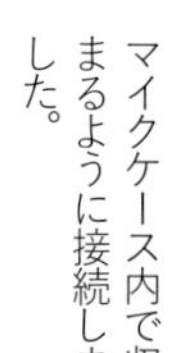

マイクケース内で収まるように接続しました。

ケースの裏側に曲リストがあり、ボタンの番号と対応しています。小さな子どもの知っている曲が入っています。

子どものおもちゃには「アンパンマン」などのキャラクターがついたものが少なくありません。どうしてそんなに好かれるのでしょうか。大きくて丸くて赤い顔に赤ちゃんは笑います。たどたどしく「アン・・マン」とことばとも言えない声を出します。アンパンマンのストーリーは子どもにもわかりやすい正義の物語。そして子どもが少し大きくなると興味は別のものに移ってゆきます。それまでの幼児期にはかかせないキャラクターです。

キッズレジスター

◇ 症　状・・・「商品の名前や値段を言ってくれる声が聞こえなくなった」と、お店屋さんごっこをして遊ぶおもちゃの**キッズレジスター**を持って、依頼者が来院しました。正常ならハンドスキャナーを商品にかざすと、「カレーパン！100円！」などと商品名を読み上げ、数字を表示します。レジスターのほかに電卓としても使えるので、子どもはスーパーの店員さんになりきって遊べるのです。

◇ 故障原因の予想・・・スピーカーまわりに故障があるのでは？　また、スキャナーのコードの被覆が破れて劣化し、交換の必要があるのではないでしょうか？

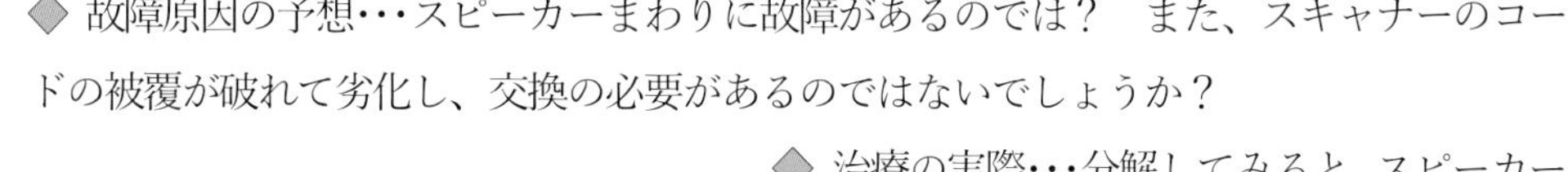

◇ 治療の実際・・・分解してみると、スピーカーが断線していました。直径や抵抗値の規格が合うのを探し、抵抗値は異なるけど同じサイズのものがあったので、それを使いました。音が出る時は電流が 50 ミリアンペアくらい流れて少し多いため、18 オームの値の抵抗をシリーズにつないでも音量は変わりませんでした。

また、スキャナーのコードが劣化していたので、８心ケーブルを延長接続して張り替えると、全体の動作試験もＯＫでした。

直ったおもちゃでままごと遊びを楽しむ子どもの声が聞こえてくるようでした。

底板を外して、スピーカーまわりの配線をチェックしましたが大丈夫でした。

右 新品スピーカー（抵抗値８オーム）
左 断線スピーカー

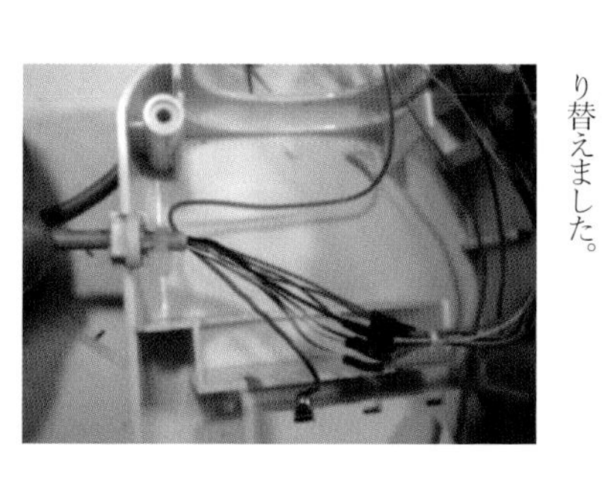

８心ケーブルを延長接続して基板とスキャナーとの間を張り替えました。

スキャナーへの８心ケーブルを１対１で延長接続しました（百均ショップのＬＡＮケーブルを利用しました）。

音がよみがえった

キッズあいうえお教室

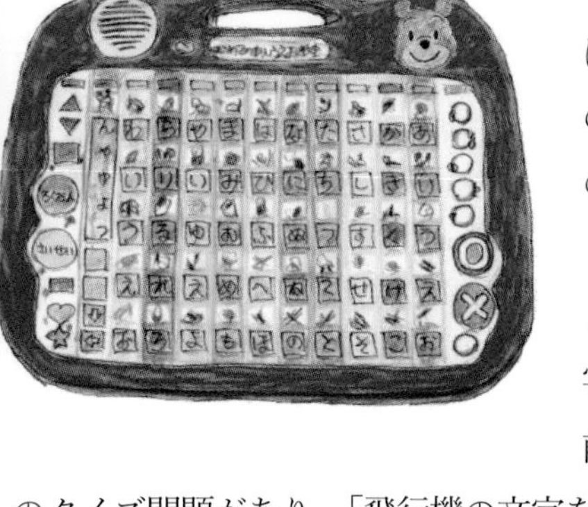

◆ 症　状･･･おもちゃ病院の終了時間まぎわに「しばらくしまっておいたのを出してみたら動かないの」といって**キッズあいうえお教室**を持って依頼者の子どもが来院しました。

正常なら電源スイッチを入れると「ぼくといっしょにあいうえおを覚えようね」という声がして、文字やイラストのボタンを押すと、そのイラストの名前を読み上げます。４種類の文字や言葉、絵、○×のクイズ問題があり、「飛行機の文字を順番に押してね」などと問いかけ、「ひ・こ・う・き」とボタンを押すと、「せいかいだよ」と答えてくれます。遊びながら「あいうえお」を覚える知育玩具です。

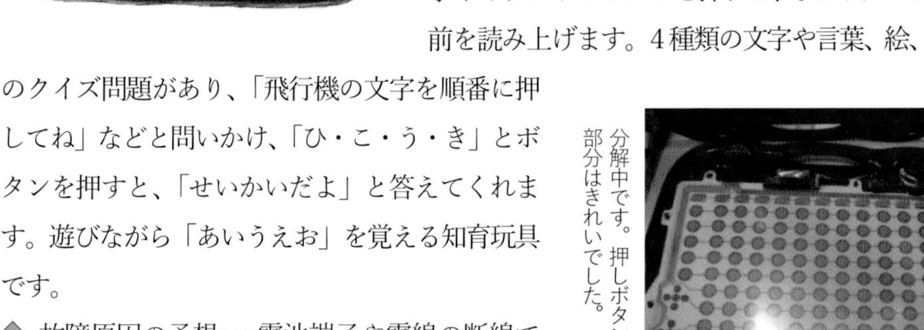

分解中です。押しボタン部分はきれいでした。

◆ 故障原因の予想･･･電池端子や電線の断線ではないだろうかか？

◆ 治療の実際･･･電池ボックスのふたを開けると、電池３本が腐食していました。また、電池端子はすっかり錆びていたので、３組の端子を交換しました（このプラス側端子、マイナス側スプリング端子は電子部品パーツ店にあります）。さらに、電線が端子のハンダ付け部分で腐食していて１本が取れていました。電線の材質が良くないので延長せず、２本とも張り替えると、これで全体の動作テストはOKでした。

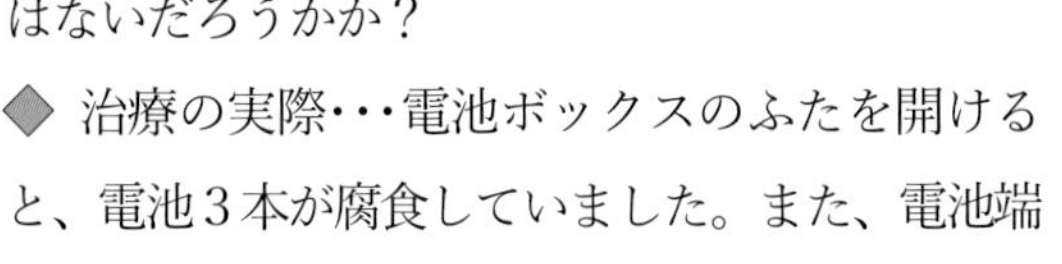

電池端子からの線は２本とも交換しました。

長い間使わない場合、液漏れがして腐食する原因となるので電池ははずしておきましょう。

電池の端子はすっかり錆びていました。

右　取り外した錆びている端子
左　端子は新品をつけました。

音がよみがえった　ファンファンキーボード

◇ 症　状…おもちゃ病院を開院してまもなく、おばあさんが「鳴らないキーがある」といって、ちょっと大きめ（約53cm×32cm）のおもちゃのキーボードを持ってやってきました。しばらくしまっていたとのことでほこりが付いていました。

この**ファンファンキーボード**は37鍵あり、両手で演奏でき、スタンドもあります。自動演奏の曲や、数種類の楽器音、リズム音を内蔵していて、多彩に遊べます。

◇ 故障原因の予想…鍵盤の基板とボタン接点に接触不良があるのでは？

◇ 治療の実際…動作を確認すると、何カ所かキーの音が鳴りません。分解して見ると、鍵盤部は基板とゴムボタン接点で構成されています。そのゴムボタン接点部を外すと、ほこりがついているので歯ブラシで清掃し、基板の接点部分は消しゴムで全部の箇所を磨きました。ゴムボタン側は、接触する導電ゴム部分を6B鉛筆でこすり、カーボンを塗布すると、接触の改善が図れました。そのまま、分解した状態で通電テストをするとOKで、復元組み立てをしました。

全体の動作テストはOKでしたが、鍵盤のテストをしている時に、ビリツキ音がします。スピーカー部分を分解するとゼムクリップが入り込んでいたので、取り除くと音は正常になりました。きっと、いたずら好きなお孫さんがゼムクリップを隙間から押し込んだのでしょう。

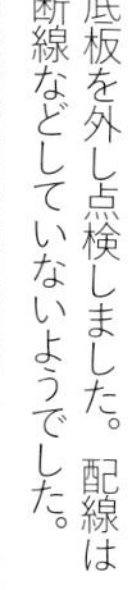
底板を外し点検しました。配線は断線などしていないようでした。

基板から接点部を外しました。

ゴム接点部の清掃と鉛筆塗布をしました。

ゼムクリップはスピーカーに磁力でくっついていました。

音がよみがえった　英語トーキングカード

◆ 症　状・・・電源をＯＮにすると音は出るのですが、カードを入れても動かなくなった**英語トーキングカード**が来院しました。

可愛い猫のキャラクター「チャット」やその友だちが描かれていて、磁気情報が入っているカードをカードリーダーに通すと、英語の音声や効果音が聞こえてくるおもちゃです。遊びながら英語の発音やリズムに触れていくことができる英語知育玩具で、きれいな英語の発音が流れます。

左　カードリーダー
右　英語カード「はじめてのえいご」

◆ 故障原因の予想・・・モーターやカードを動かすベルトに不具合があるのでしょうか？

◆ 治療の実際・・・分解してみると、ゴムベルトが切れているのが見つかりました。テストをするとモーターは動きます。ベルト長＝166mmを測り、バンコードを同じ長さで熱融着し、丸ベルトを製作、それをプーリー間にかけると駆動しました。再組み立てをして動作確認をし、付属の英語カードで音声の再生をしてみると、音量が小さくしか出ません。手持ちの古いトーキングカードをかけると大きな音で再生しました。この付属のカードの録音レベルが低下していたのです。このカードはそのまま使うしかありません（磁気を近づけると悪影響があるので要注意）。

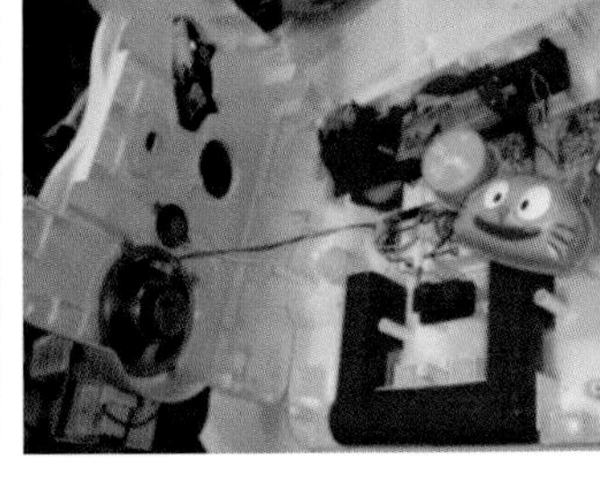

分解して原因を追究、点検しました。

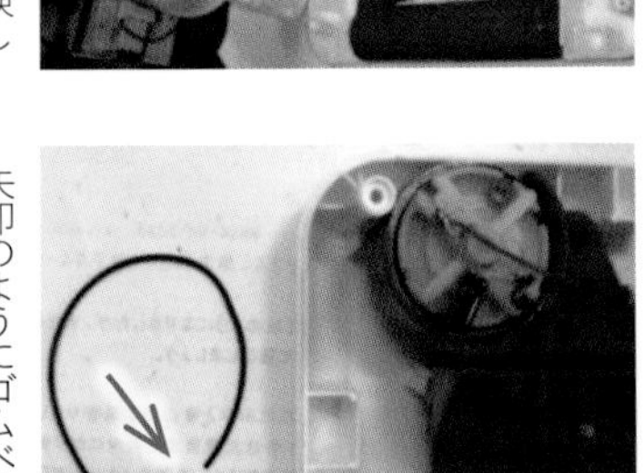

矢印のようにゴムベルトが切れていました。

カードリーダー自体は動作確認をしてＯＫですので、付属のカードは他にも数種類あるから、そちらで試してくださいと説明して返却しました。

なお、電池ボックスの裏ぶたを、ほどよい厚さのプラスチック板で作って取り付けました。

お話しカードでテスト中

バンコードで製作したベルトをかけました。

音がよみがえった　キッズレストラン注文器

◆ 症　状･･･女の子が「ままごと遊びの時の注文の声が出ないの」と、ファミレスで見かけるおもちゃの**レストラン注文器**を持ってママと一緒にやってきました。聞くと、たくさんあるキーの1カ所しか音が出ないというのです。正常なら、たくさんあるボタンを押すと「いらっしゃいませ」「メニューをどうぞ」と、可愛い声でキティちゃんがしゃべり、メロディも鳴るはずなのです。

◆ 故障原因の予想･･･押しボタンの接触不良があるのでしょうか？

基板のスルーホール穴をドリルで貫通し、基板の保護塗装を少し削って極細線をパターンにハンダ付けしました。

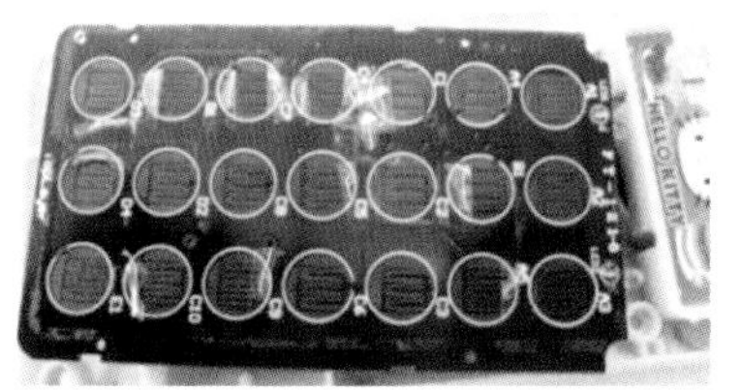

ボタン接点側は極細線を接触させ、テープで操作に影響がないように貼り付けました。

導電パターンとシートボタンの接触不良を直すために、消しゴム清掃と6B鉛筆塗布をしました。

◆ 治療の実際･･･15あるメニューのオーダーボタンのうち、右下の1個しか音声が出ません。分解して調べると断線はなく、清掃をし、ボタン側の鉛筆塗布をしたのですが変わりません。このような導電パターンとシートボタンの接触不良が発生した場合、消しゴム清掃と6B鉛筆塗布で通常は改善するのですが、今回は全くダメでした。しっかりと基板を観察すると、シート側も基板側もプリント配線のスルーホール状の部分に緑青（ろくしょう）が出ているところが何カ所もありました。ここが怪しいようです。ジュースでもこぼしたのでしょうか。

小穴を開け、極細線を通して基板にハンダ付けし、ボタンパターン側はPP（ポリプロピレン）テープで貼りつけました。ボタンを押すと音が数カ所から出るようになりました。このスルーホールジャンパーを他の個所でも続け、10数カ所をハンダ付けしたら、全てのボタンで音が出るようになりました。

開院当日の細かい作業は時間との競争になりましたが、その日のうちに直すことができて、女の子は大喜びでした。

動くようになった

トミカ峠やまみちドライブ

◆ 症　状…たくさんのトミカを走らせて遊ぶ**トミカ峠やまみちドライブ**（左図）の中の「電動スロープ」部の「ベルトが動かなくなった」といって来院しました。ほかの構成パーツは、坂道や駐車場などがありますが、このベルトが動かないという故障はよくあるケースです。

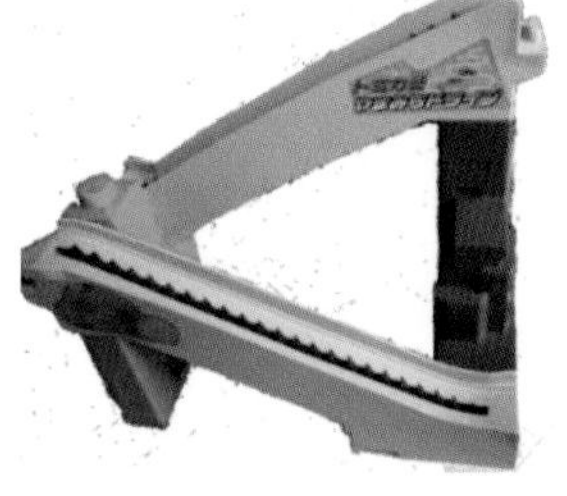

◆ 故障原因の予想…モーターは回っているので、内部のギヤの空回りでしょうか？

◆ 治療の実際…カバーを外して駆動部を点検すると、ベルト駆動用のピニオンギヤがなくなっていました（中には残っていませんでした）。

この10歯のピニオンギヤは0.6モジュールの穴径2.4mmΦです。不用のおもちゃから取り外していた手持ちのジャンク品から同型のギヤを探して使用し、シャフトに圧入しました。（通常、模型店には、モーターに使うピニオンギヤは0.5モジュールで穴径1.9mmΦが置いてあります）

分解していた部品を組み立てて、動作確認するとOK。即日完治して返却しました。

依頼者は家に帰ったら、ほかの部品を組み立てて、トミカで遊ぶんだと大喜びでした。

ピニオンギヤがなくなっていました。

指にあるのが0.6モジュールの10歯のピニオンギヤです。

シャフトにギヤを取りつけました。

トミカは1970年に販売されて以来、国産車にとどまらず外国車や働く車のシリーズなど多くのモデルがそろっています。実車の雰囲気を感じさせるダイキャスト（金属鋳物製）のデザインは子どもだけでなく大人にもコレクターがいます。

いろいろな車種のトミカで遊ぶトミカワールドは、高速道路や自動車修理工場、パーキングなど社会生活につながる世界を展開しています。

動くようになった　きかんしゃトーマス

◇ 症　状…もともとは 1940 年代に書かれたイギリスの児童向け絵本シリーズ『きかんしゃトーマス』をモデルにして作られたおもちゃで、高さ 15cm ほどのちょっと大きめの機関車です。「くるくると走り回るおもちゃなのに、全く動かなくなった」といって来院しました。

◇ 故障原因の予想…モーターの不良ではないだろうか？

目につかない隠しネジがあり、苦労のすえようやく分解しました。

モーターのある機構部が見えてきました。

機構部を外してモーターのテストをしましたが不良でした。

◇ 治療の実際…分解のしかたがわからず手こずりましたが、煙突や窓のプリントシールの下にある隠しネジを取り外してようやく分解できました。調べてみると、モーターの回転が不良だったのと、複雑なギヤボックスだったので、修理を中断し、入院となりました。

同形のモーター(FA130 タイプ）に交換すると、動くようになりました。もう一つ故障があり、前照灯が点灯しません。しかし、これは同寸法のＬＥＤに交換して問題解決です。ＬＥＤが切れるのは珍しいことです。

直った機関車はトーマスの目玉がキョロキョロと動き、床の上をあちらこちらへと動き回ります。

分解と復元に苦労しましたが、デジカメ写真による記録が役立ちました。

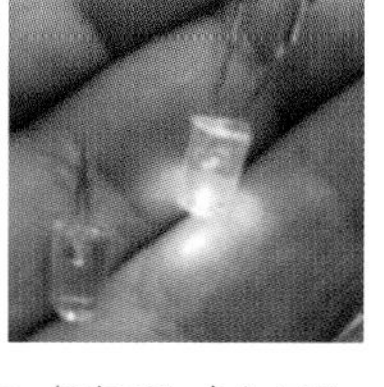

左　切れていたＬＥＤ
右　手持ちの同寸法のＬＥＤで点灯試験中

左　錆びていたモーター
右　同型のモーターに交換

動くようになった

プラレール新幹線 E3系「こまち」

◆ 症　状･･･このプラレールは次ページの2台と一緒に2011年の大震災の年の秋の区民まつり会場で開いたおもちゃ病院に持ち込まれました。「しばらくぶりに遊んでみたら動かなかった」とのこと。チェックしてみると、どうやらモーターが不良と思われたので、入院してもらうことにしました。

◆ 故障原因の予想･･･モーターの不良と端子の接触不良がありそうです。

◆ 治療の実際･･･分解を進めてみると、モーターは断線していなかったのですが、動きがよくありません。交換の必要があると判断し、同型のモーター（FA130タイプ）に交換。駆動メカブロックと電池端子板との接続を確実にするためにハンダ付けをしました。全体の動作確認をすると、ＯＫで、よく動くようになりました。

　動かないとあきらめかけていた新幹線が直ったので依頼者は大喜びでした。

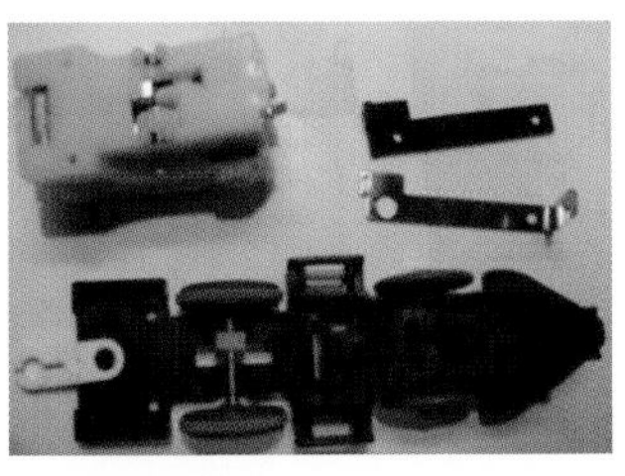

分解しました。

メカブロックを分解したところです。復元には、ギアの組合わせとスプリングに注意が必要です。

右：同型の交換モーター
左：動作不良のモーター

電池端子板をハンダ付けしました。

モーターの荷電テスト中です。

　プラレールの登場は50年ほど前で、東海道新幹線開通の頃と重なります。今に至るまでヒットを続ける、子どもたちの人気者です。青いレールの形はその当時から基本的に変わらず、デザインの完成度も高いです。車両の種類も全国各地の車両のほか、**きかんしゃトーマス**のシリーズも人気が高いようです。
　児童館には必ず遊び場に置いてあります。おもちゃ病院によくやってくる常連の患者さんです。

動くようになった

プラレール新幹線 N700系「さくら」

◇ 症　状・・・動かなくなって、前ページの**プラレール**と一緒に入院した２台目の新幹線です。

◇ 故障原因の予想・・・モーターの不具合や端子の接触不良では？

◇ 治療の実際・・・車体カバーを外し、分解を進めました。おもちゃ本体の組み立てには三角ネジ(※)が使われていました。車軸には糸くずが巻きついていたので、取りのぞいてきれいに清掃しました。モーター端子に荷電してテストをするとモーターは大丈夫です。

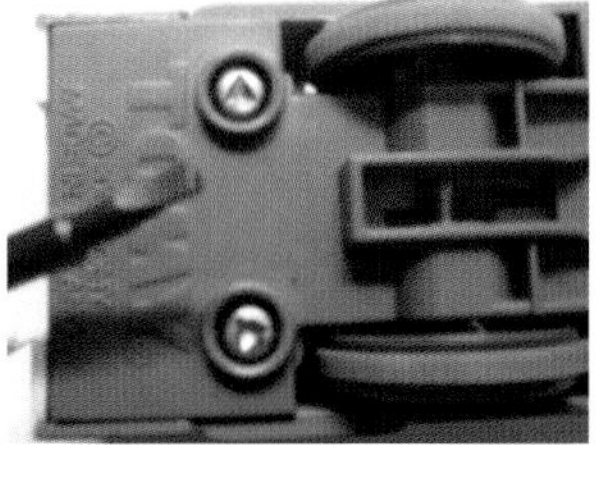

三角ネジが使われていました。

念のために駆動メカブロックと電池端子板との接続を確実にするためにハンダ付けをし、全体の動作確認をするとＯＫです。**新幹線 N700系「さくら」**はみごと復活しました。

ごみが巻きついていました。

このケースの場合、分解をするとき、モーター端子がメカブロックの外側でハンダ付けされているので、これを先に外す必要がありました。要注意点です。

モーター端子はハンダ付けされていました。

(※) 三角ドライバーはホームセンターにありますが、百均ショップの六角レンチをグラインダーで研いだものでも十分に使えます。

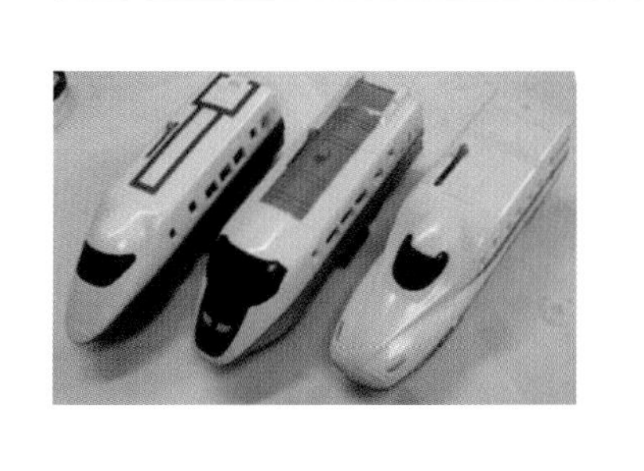

写真の左端が３台目の**新幹線Ｅ２系「あさま」**です。これもモーターは大丈夫でした。駆動メカブロックと電池端子板との接続を確実にするためにハンダ付けをして復活しました（中央　**「こまち」**、右端　**「さくら」**）。
このように電池端子板の接触不良が原因の故障事例はけっこう多いのです。

動くようになった

電動乗用カー

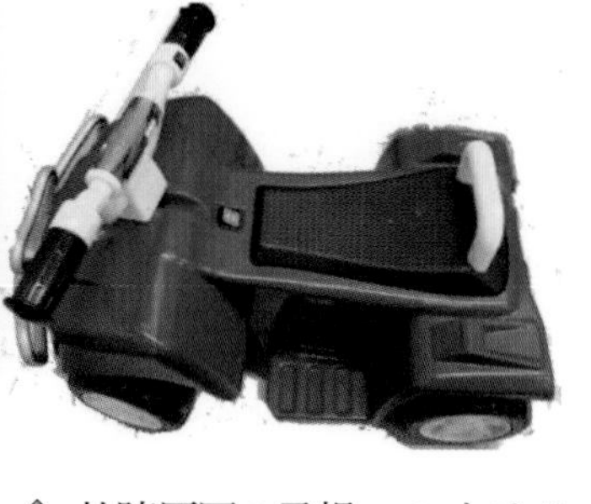

◆ 症　状…男の子２人を連れたパパとママが「バッテリーを付属の充電アダプターで充電しても動きません」と**電動乗用カー**を持って来院しました。

長さ 70cm ほど、重さ 4kg くらいで 6V のバッテリーを使用しており、子どもが乗って時速数キロでゆっくりと走行するものです。

◆ 故障原因の予想…いわゆるバッテリーあがり（充電されずに電圧不足になる状態）か？ と考えましたが…。

◆ 治療の実際…テスターで調べるとバッテリーには電圧がありました。車体側とのコネクター接続箇所を調べると、コネクターピンの取り付け不良が発見されました。

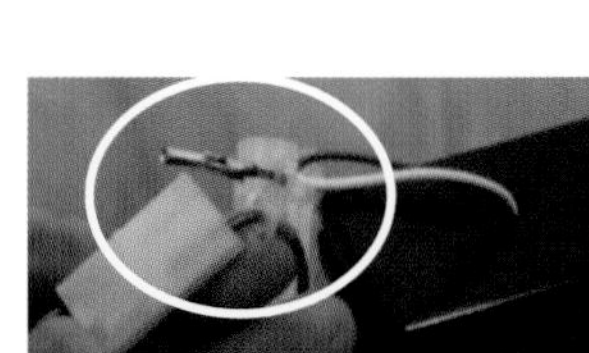

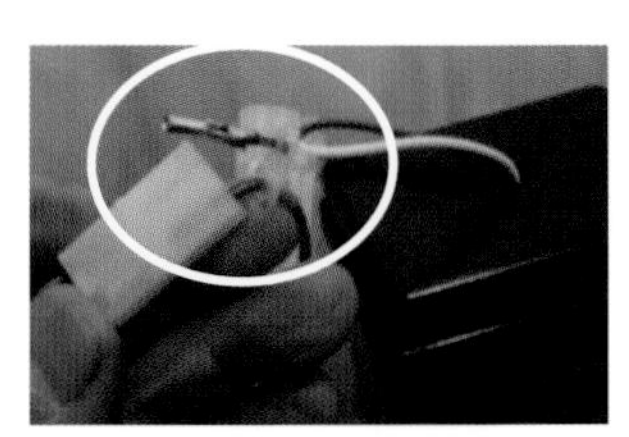

ピンがコネクターから抜けていました。

コネクターピンには「返し」があるので、それが正しく入っていなかったため、接触通電ができなかったのです。コネクターのピンの抜けかかりを正しく差し込んでＯＫとなりました。再発しないように、つけ根をホットボンドで固めます。

ピンをコネクターに固定しました。

バッテリーは充電されていたので、お子さんはすぐに児童館内で車を走らせて大喜びで遊びはじめました。

バッテリーについて

この種の乗用玩具には 6V のバッテリーが使用されています。充電時間を適切にしないと、バッテリーの寿命を縮めてしまいます。たいていは付属の充電アダプターで 10 時間以内です。長時間、充電状態にしたままにして、過充電にならないように気をつけましょう。

新品に取り替えたい場合、この種の 6V4.5Ａh 規格のものはホームセンター等では入手できないので、東京秋葉原の秋月電子通商 (http://akizukidenshi.com/) に注文して取り寄せています。

左／劣化したバッテリー　右／新しいバッテリー

動くようになった

ラジコンドローン「クアトロックス」

◇ 症　状･･･４枚あるローターのうち、前左のローターが回転しないと、男の子が**トイドローン「クアトロックス」**を持ってやってきました。

全長72mmほどの超小型の機体です。

◇ 故障原因の予想･･･モーターの故障？

◇ 治療の実際･･･モーターがＮＧかと思いきや、そうではなく、モーターの根元近くで配線が断線していました。これなら大丈夫。細い線で延長して接続しました。

断線個所を細い線で延長しました

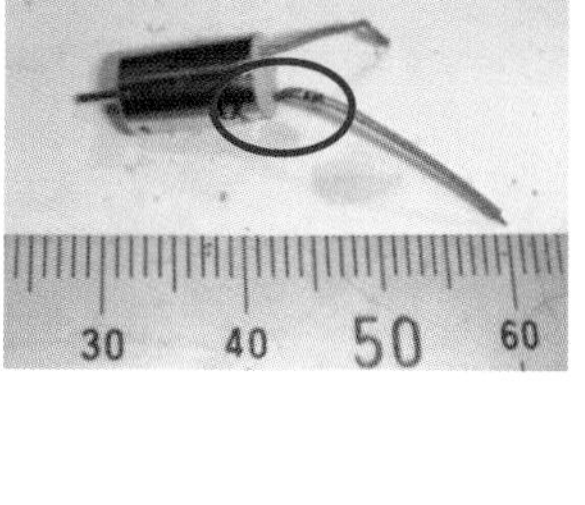

右手前のモーターの線が切れていました。写真下は機体カバーです。

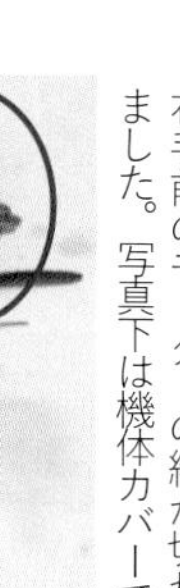

飛行テスト中です。広いところで飛ばしたいですね。

４枚あるローターは２枚ずつがプロペラのひねり方が逆になっていて、それぞれ「A」「B」と表示してあります。そのプロペラＡを前左・後右、プロペラＢを前右・後左に合わせます。

機体バッテリーの充電は送信機からできますが、乾電池が早く減ってしまうので、別のUSB電源アダプターが使えます。今回はパソコンのUSBコネクターを使い、機体の充電を30分くらいしました。

飛行試験は落下しても安全なようにベッドで行いました。安定した姿勢で飛行できるように調整する「トリム調整」を繰り返すと、思い通りに飛行できるようになりました。

ドローンとは無人航空機を言います。通常は４～６枚のローターを回転させて飛行します。安全のために航空法などの法律による規制がされています。

機体重さ200g未満は法律の規制対象外となっていて、「トイドローン」と称されています。

しかし、航空法規制の対象外であっても、「日中の飛行」「目視範囲内」「近距離だけ」「人の集まる場所では飛行しない」などを守る必要があります。

もちろん当院で修理したのも電池込みで40gくらいの**「トイドローン」**です。

動くようになった

キッズクレーンゲーム

◆ 症　状…景品をつかむバケットをボタンで操作すると、前後と左右は動くけれど上下が動かなくなった**キッズクレーンゲーム**が来院しました。

コインを入れるとメロディーが流れ、二つのボタンを押してクレーンを操作し、景品入りのカプセルをつかむしくみのおもちゃです。うまくカプセルが取れると、音楽が鳴り、おしゃべりするので子どもは大喜び。でも、クレーンがうまく動かなくなる故障は少なくありません。

◆ 故障原因の予想…内部のギヤが故障しているのかも？

◆ 治療の実際…クレーンゲームには左右方向と前後方向への移動用とバケットを上下させるために、それぞれを回転させるモーターが 3 個あり、巧みに 1 個のギヤボックスに組み込まれています。

故障を直すときは分解に手間がかかり、ギヤの組み合わせやチェーン巻き取りの調整に時間がかかります。でも、今回はその場で直せました。

分解を進め、ギヤボックスを置台に置いてギヤ部を調べると上下チェーン巻き取りの平ギヤがシャフトで空回りしていました。シャフトをペンチの刃で強くかんでデコボコのキズをつけてから、ギヤを瞬間接着剤とともに押し込み、プラリペアで補強しました。

プラスチックのはみ出たところを小ヤスリで整形し、再組み立てをして動作試験をするとOK。復元組み立てをするとき、移動台とのケーブルの取り回しに注意が必要です。

開院当日にお返しでき、私もひと安心。

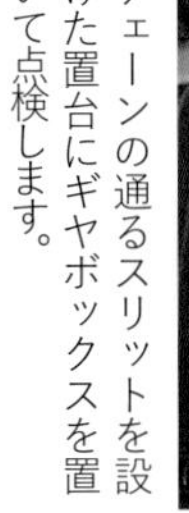
チェーンの通るスリットを設けた置台にギヤボックスを置いて点検します。

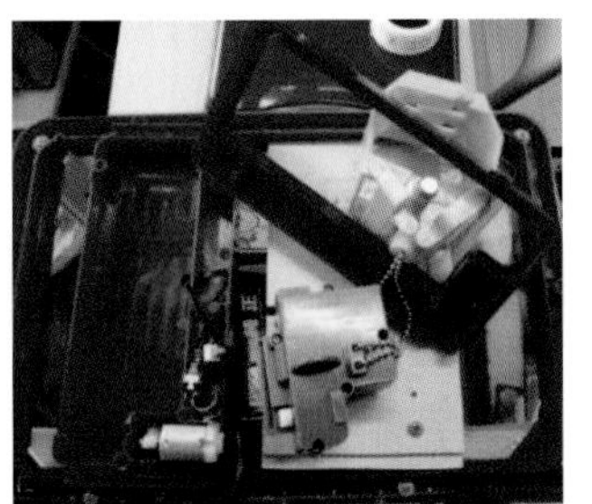
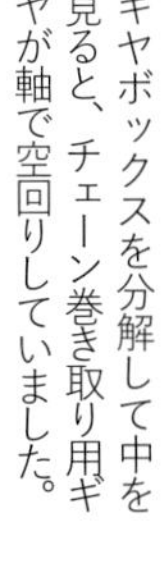
ギヤボックスを分解して中を見ると、チェーン巻き取り用ギヤが軸で空回りしていました。

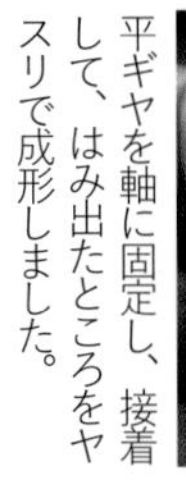
平ギヤを軸に固定し、接着して、はみ出たところをヤスリで成形しました。

Part3 おもちゃドクターの基礎知識

おもちゃ病院のとある定期開院日の土曜日、数人のおもちゃドクターが集まってきました。ところが、かんじんの患者さんがやってきません。誰かが「今日は学校の運動会があるので、こちらには来ないかも」とのこと。その後は雑談になりました。

メンバーの多くは退職したシニアで、学校の先生や印刷会社の営業マン、通信関係の仕事だったりと、理系文系に関わりなく、おもちゃの修理を楽しんでいます。「孫の壊れたおもちゃを直したい」と仲間に入ってきたメンバーもいます。「工具類を持ってきやすいように、ケースに整理してみた。電池類は百均のケースに入れてみたらコンパクトになった」「駅前の百均に行ったら品切れだったプラリペア代用の粉と液が置いてあったよ」と話題はつきません。

おもちゃ病院で修理中

おもちゃを修理するには、基本的な知識と工具が必要です。工具については皆さんもいくつかはお持ちでしょう。それらを使ってもいいのですが、おもちゃドクター用としてワンセットそろえませんか。工具ケースにまとめて持っていれば便利です。この「パート3」では、おもちゃドクターとして知っておきたいことを、「治療（修理）の進め方」「道具や部品類」「修理方法」などにまとめました。

子どもたちの目の前で修理を進めることは、おもちゃの内部のしくみを観察したり、道具の使い方を見たりして、子どもの好奇心を大いに刺激することでしょう。修理をする自分自身も、それ自体が一種の知的ゲームでもあり、遊び心を持って楽しむことができます。

さあ、あなたもおもちゃ修理を始めてみませんか。

電池端子やモーターなどの部品類

工具ケースを広げて修理中

おもちゃの動くしくみ

おもちゃはいろいろな動きをし、音や光などで子どもたちの興味を刺激する工夫がいっぱい詰まっています。

◇「クランク機構」と「リンク機構」

ぬいぐるみ犬チワワにも動きを伝える基本的な「機構」が組み込まれているので、見てみましょう。

ぬいぐるみ犬チワワは四つ脚で歩き、鳴きます。

犬の脚を動かす部分に「機構」が使われています。モーターの回転をギヤの組み合わせでゆっくりとした回転運動に変え、回転軸の動きを利用して、図①の「クランク機構」で往復運動に変えています。②「リンク機構」は前後の脚を連動させて動かす役割をしています。

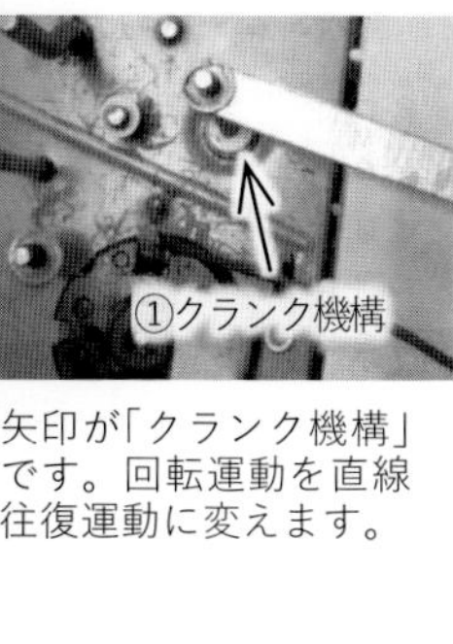

矢印が「クランク機構」です。回転運動を直線往復運動に変えます。

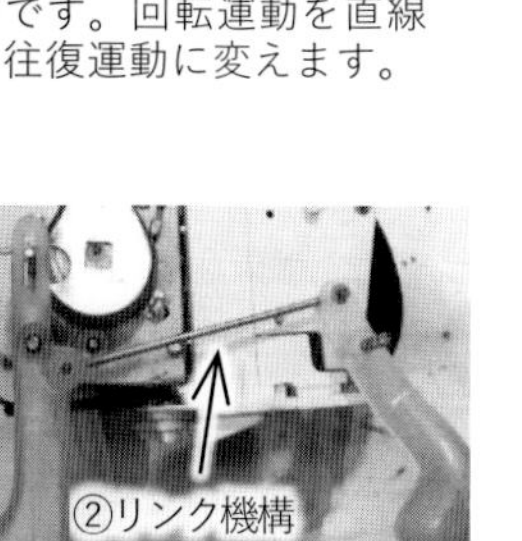

矢印が「リンク機構」です。前後の脚を連動した動きにしています。

◇回転運動を伝える「プーリー」（溝つき円盤）

踊るジェームス・ブラウンは、③「プーリー」で劣化して空回りしていたゴムベルトを新品に交換すると軽快なリズムに合わせて踊りました。丸ベルトがモーター軸の小プーリーと減速ギヤボックス側の大プーリーとにかかっていて、動く途中で一部強く力が加わると、ベルトとプーリーが滑ることでクラッチを働かせ、無理なく胴体を動かすのです。

ジェームス・ブラウンは音楽に合わせ、踊ります。

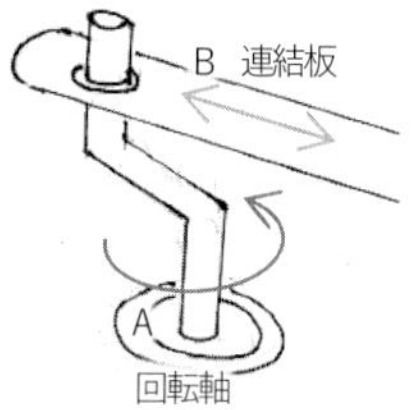

①クランク機構
軸Aが回転すると連結板Bは往復の直線運動に変換されます。

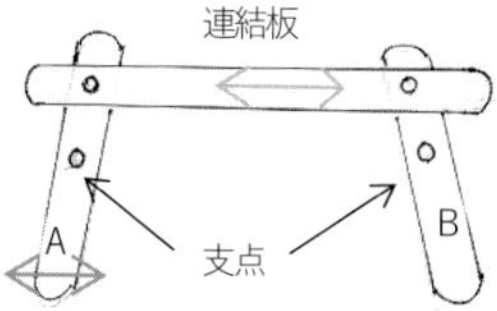

②リンク機構
脚Aが支点を軸に動くと連結版により脚Bが連動します。

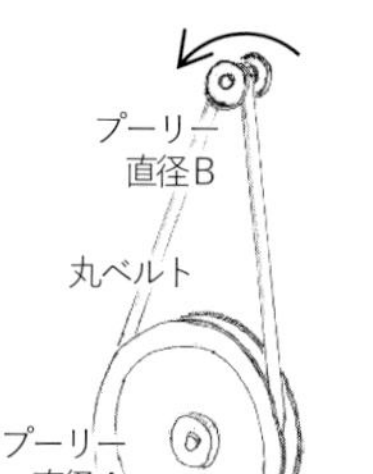

③プーリー
プーリーはベルトにより溝のある円盤で動力を伝達します。
直径 A=3B だと B の回転数は 1/3 に減速されて A が回ります。

おもちゃの主な故障原因は？

まずは電池チェックを

おもちゃ病院に「動かなくなった」と持ち込まれるおもちゃの大半は電池のパワー不足や電池端子の錆による接触不良が原因であることは知っておくとよいでしょう。古い電池を入れたままにし、おもちゃをしまったままにしておくと、電池の液漏れで錆が発生し、端子につながっている電線も断線したりします。

下段の故障原因のグラフを見ていただくとわかるように、それらは故障のほぼ半分を占めます。

プラスチック部品の破損などを合わせると七割ほどになり、電子回路部分が不良と判断されるのはごく一部です。

来院したおもちゃは当日に直ったものは六割くらいで、入院治療となるものも三割くらいありますが、全体ではおおよそ九割が完治して帰っていきます。

このラジコンカーも電池端子の錆が故障原因でした。

おもちゃの故障原因

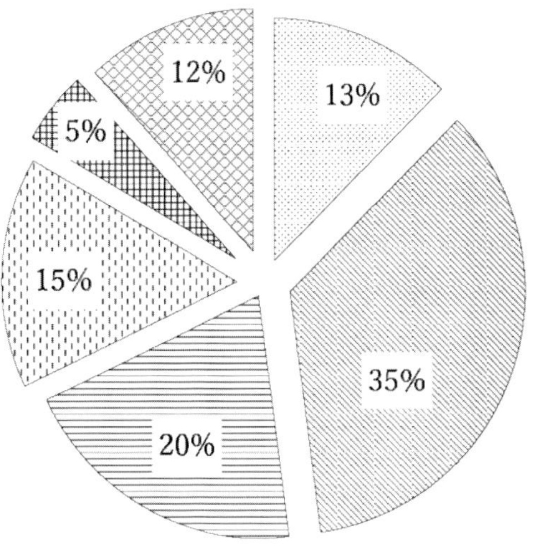

電池切れ
電池の容量不足やプラスマイナスの間違いなど

端子錆・接触不良・断線
電池ボックスの錆やスイッチの不良、断線など

折れたり・破損したり
プラスチックパーツの破損

モーター・ギヤ・部品不良
モーターの劣化やギヤの破損

電子部品・IC 不良
電子回路基板の動作不良

その他・汚れ
回転部のごみ付着など

「おもちゃ病院『ころころ』」の 2015 年度の修理状況です。年間で 375 個のおもちゃを直しました。

治療の進め方

おもちゃにより故障内容や修理方法が異なります。

（1）修理を始める前に確認すべきこと

- 受け付け時の問診が大切。正常な状態を確認しておく。
- 外観チェックで破損個所の有無を確認する。
- 分解方法を確認する。（ネジ止め・はめ込み・接着など）
- 再組立のために状態を記録する。（デジカメが役立つ）
- 電源（電池・AC アダプター）の確認が手始め。
- リモコン式の場合は先にリモコンの良否を確認する。

ファンファンキーボード　の場合、全部のボタンを押してみます。

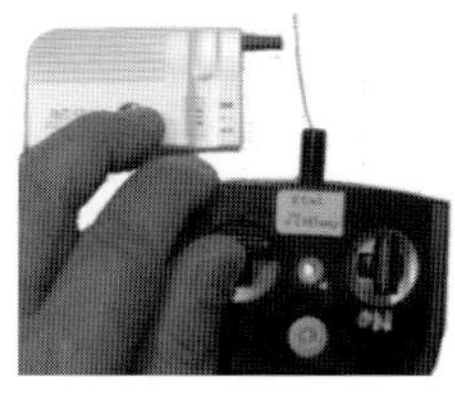

ラジコン送信機　電波が送信されているか盗聴電波検知器で確認。

（2）いよいよ分解して修理を始める

- 分解しながら目視確認し、ステップごとにデジカメで記録します。（外したネジは薬ケースなどに分けて入れておくとよい）
- 車や電車などが動かない場合：機構部品の脱落・破損、モーターの固着、ギヤ割れ、ごみの絡まりなどを調べます。
- キーボードなど音が鳴らない場合：スピーカー、スイッチ、配線、ボタンスイッチの接触などを調べます。
- 光るバトンなどが光らない場合：配線、スイッチ、光源の確認をします。（LEDはほぼ故障しない）

※特に症状の確認では、思い込みをしないように心がけ、誤診を防ぎます。

木製レジスター　の場合は、底板が接着されていて分解できません。

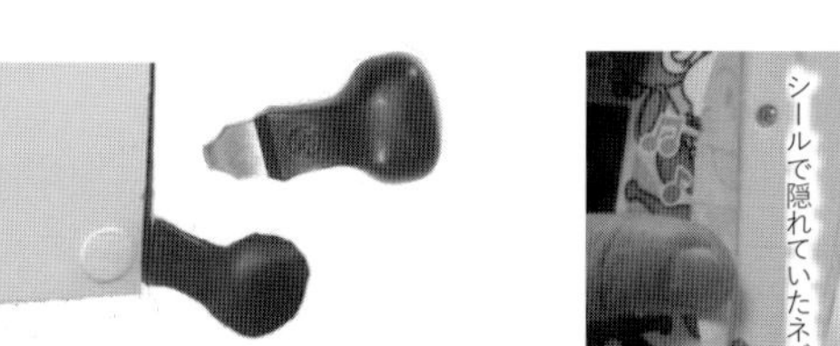

そのため、上のこじ開け工具(時計用)で木箱の接着箇所を注意深くこじ開けました。

隠しネジは、指でさぐってみつけ、シールを部分的にはがします。

（3）分解するときのこころがけ

- 隠しネジのシールなど、傷をつけないと分解できない場合は事前に了解を得ておきます。
- ドライバーはネジに合ったものを使います。
- カバーを外すときは配線やスプリングに気をつけます。

（4）修理を進める

- ギヤ、モーター、スピーカーなどが不良の場合、部品の交換をします。同等の規格のもの、代替品を用意します。
- 接着による補修は材料に合う接着剤を使用します。強度を確認し、固まるまでの時間をかけます。
- ハンダ付けは短時間で、きれいな仕上げをします。

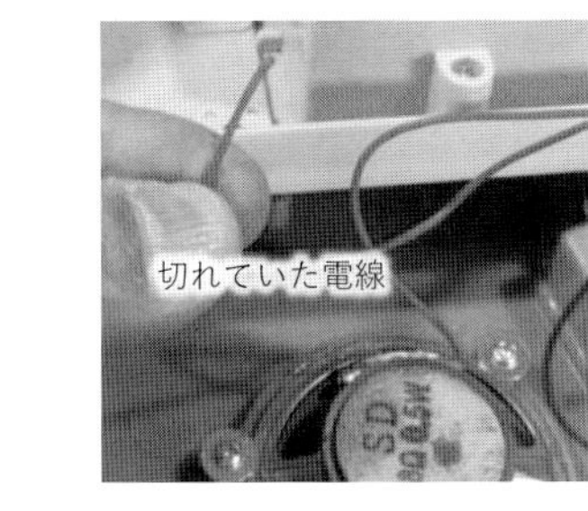

よくばりボックスは音楽、効果音、光の点滅などで幼児の興味をひく知育玩具です。

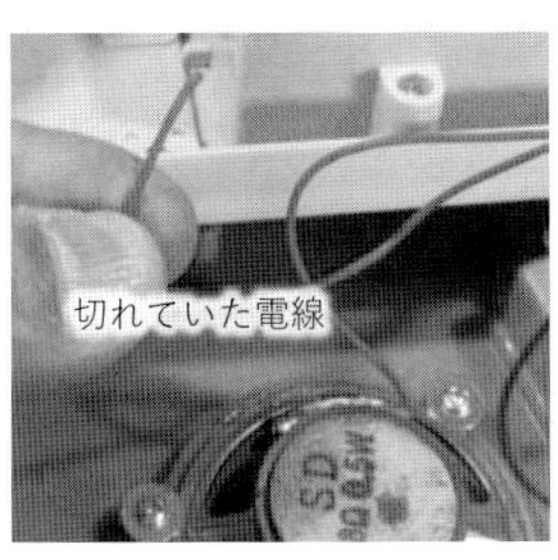

よくばりボックスを分解して断線箇所を発見し、元の場所にハンダ付けをしました。

サンタ人形　の場合、2液混合エポキシ接着剤で陶器製の手を接着しました。

（5）再組立をする

- 再組立前に動作確認をし、組み立て後に最終確認を行います。
- 配線や部品を忘れずに戻します。（デジカメ記録が役立つ）
- ぬいぐるみの縫い戻しはていねいにします。

オルゴール人形

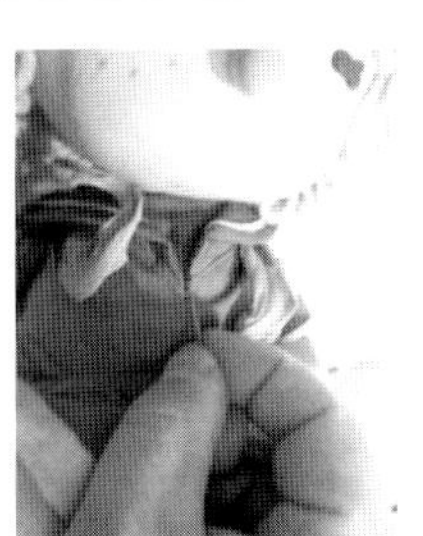

ほどいたぬいぐるみはカーブ針を使ってできるだけ元のように縫い戻します。

（6）返却をする

- お客さんに最終確認をしてもらいます。
- 付属のパーツなど忘れないように返却します。

修理が終わった後、動作確認をします。

故障原因のポイントその１　電気系に不具合があるケース

◇**電池切れ、電池の液漏れ：**　故障原因のトップは「電池の容量不足、電池切れ」です。診察の第一歩は電池確認。電池の使い方を説明してお返しします。

◇**電池金具錆・腐食・破損：**　錆はやすりなどで光るまで磨きます。腐食が進んだものは電池端子を交換。薄い銅板をハンダ付けすることもあります。

◇**スイッチ周り：**　スイッチの接触不良も多く見られる故障事例です。繰り返し動かしたり、接点復活剤を使います。構造によっては分解して接点部分を磨くことも可能ですが、同寸法のスイッチに交換することが多いです。

◇**配線の外れ・断線：**　おもちゃは中国製がほとんどですが、ハンダ付けがよくないものが多く、線が外れたり、接触不良があったりします。乱暴な扱いで内部配線が切れていることもあります。

電源アダプターやマイク、イヤホンの付け根で断線する例も少なくありません。配線がどこにつながっていたか調べたり、何本かの電線の導通チェックが必要になります。

◇**接触不良：**　内部の電気回路には多くの接触箇所があり、調べるのに手間と根気が必要になります。プラレールなどの場合、電池金具が接触不良の例も多く、このような場合はハンダ付けしてしまいます。

◇**導電ゴム不良：**　基板の接点との接触が悪くて反応しないときは、基板をアルコールや消しゴムで清掃します。ゴム接点側の清掃と６Ｂ鉛筆を塗ることで直ることも少なくありません。

◇**電子部品：**　スピーカー不良もよくあり、同形のものに交換します。音声やモーター回路のトランジスタ不良の時は規格を調べ、代替のものに交換します。ＩＣが不良の時は残念ながら直せません。

◇**基板の劣化：**　スピーカーなどの部品が正常でも正常な動作をしない場合、基板のハンダ付け不良やプリントパターンのひび割れかもしれません。ハンダ付け個所を再ハンダ付けすることも有効です。

人気者の**きかんしゃトーマス**と仲間たちは、一九九二年からプラレールに加わり、今も人気のおもちゃです。

電気系の修理の具体例

（※は「Part2」の修理事例を参照）

電池端子の錆

プーさんポットの電池不良の著しい例です。**液漏れによる端子の腐食**が激しく、金具を交換しました。

真っ赤に錆びた電池端子を右の新しいスプリング端子に交換しました。

断　線

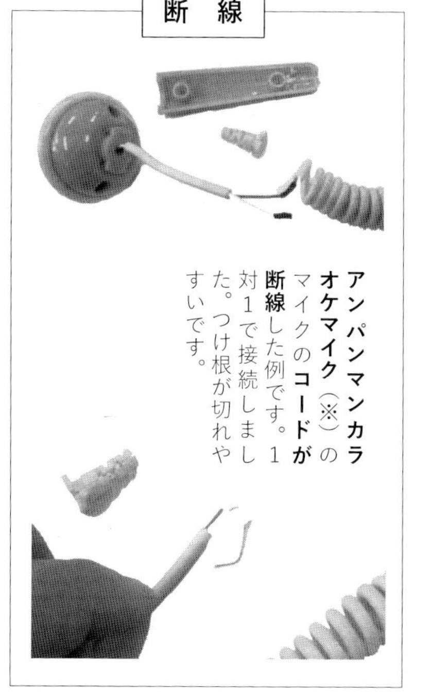

アンパンマンカラオケマイク（※）のマイクの**コードが断線**した例です。1対1で接続しました。つけ根が切れやすいです。

接触不良

接触不良のあった**キーボード**（※）の基板の接点部分を消しゴムでみがきます。

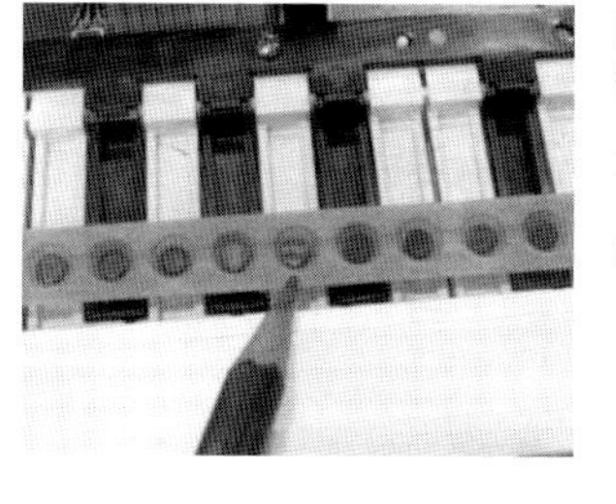

右の**キーボード**の押しボタン側のゴム接点に6B鉛筆を塗り、**接触不良**を改善しました。

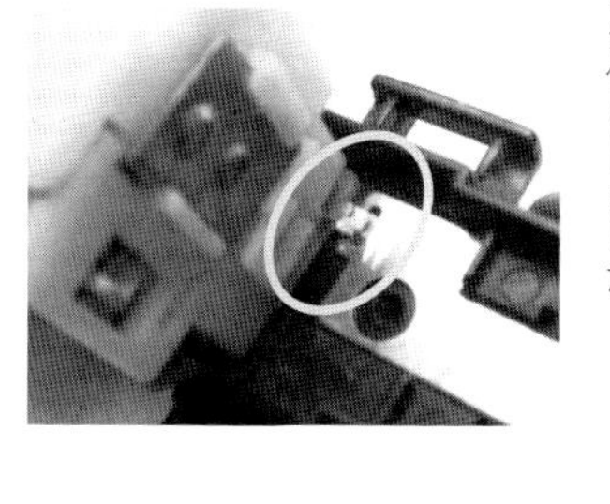

プラレール（※）の電池端子と駆動部との**接触不良**はハンダ付けしました。

部品交換

モーターが不良の**プラレール**（※）の例です。同型のFA130形で交換しました。

故障原因のポイントその２　機構系に不具合があるケース

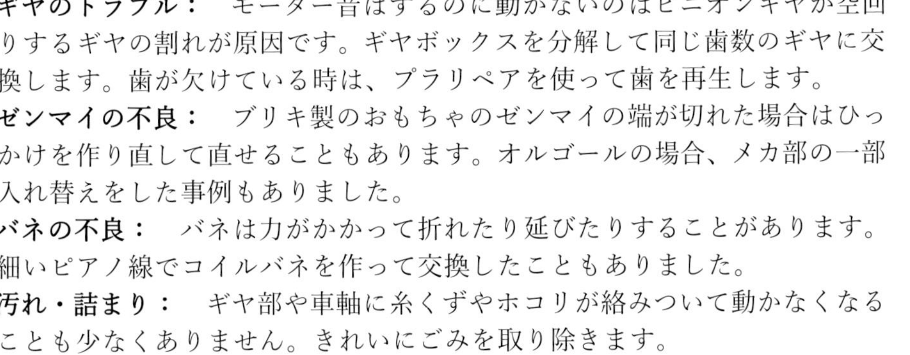

◇**構造部品の破損：**　おもちゃは力のかかる部分の破損が少なくありません。添え木や針金で補強をし接着して直します。型取りをしてプラリペア（粉と液を混合して使うプラスチック造形補修材　80、88ページの別項参照）で破損個所を再生できる場合もあります。

◇**ゴムベルト・リングの不良：**　モーターは回っているのに動かないことがあります。その原因にはゴムベルトの断裂や延びがあります。年数が経ったための劣化です。

同じ寸法のものがない場合、糸ゴムの長さを測って切り、瞬間接着剤でつないで作った丸ベルトが使えます。バンコード（ポリウレタンコード）を熱融着して作った丸ベルトが丈夫で良いです。

◇**ギヤのトラブル：**　モーター音はするのに動かないのはピニオンギヤか空回りするギヤの割れが原因です。ギヤボックスを分解して同じ歯数のギヤに交換します。歯が欠けている時は、プラリペアを使って歯を再生します。

◇**ゼンマイの不良：**　ブリキ製のおもちゃのゼンマイの端が切れた場合はひっかけを作り直して直せることもあります。オルゴールの場合、メカ部の一部入れ替えをした事例もありました。

◇**バネの不良：**　バネは力がかかって折れたり延びたりすることがあります。細いピアノ線でコイルバネを作って交換したこともありました。

◇**汚れ・詰まり：**　ギヤ部や車軸に糸くずやホコリが絡みついて動かなくなることも少なくありません。きれいにごみを取り除きます。

汚れ・詰まり

ままごと電子レンジは扉内部のターンテーブルが回らなくなっていました。ギヤとモーターが固着していたので、手で回してから慣らし運転をして動くようになりました。割れた窓はクリアファイルを切って接着し補修しました。

破　損

チョロQ車はタイヤが外れ、前輪の車軸が取れていました。瞬間接着剤をほんの少し使って組み立てたら、よく走るようになりました。

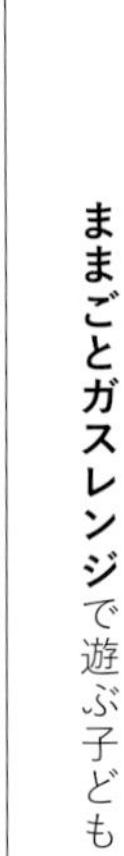

ままごとガスレンジで遊ぶ子ども

機構系の修理の具体例

部品破損

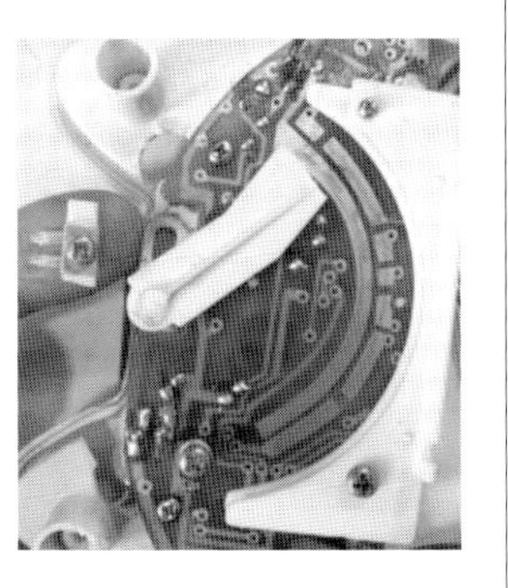

招き猫貯金箱は、レバースイッチ接点部の**破損**を心棒を入れて**補強**し、接着しました。

レバースイッチが復元できました。

補強個所

ベルトの断裂

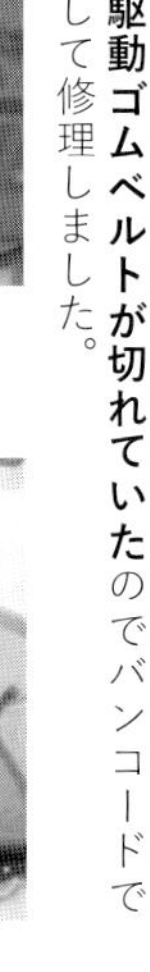

英語トーキングカードの故障は、プーリーを回転させる**駆動ゴムベルトが切れていた**のでバンコードで作製して修理しました。

バンコード製ベルト

バネの不具合

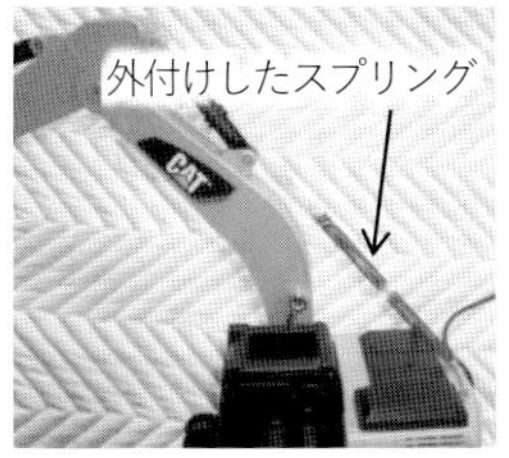
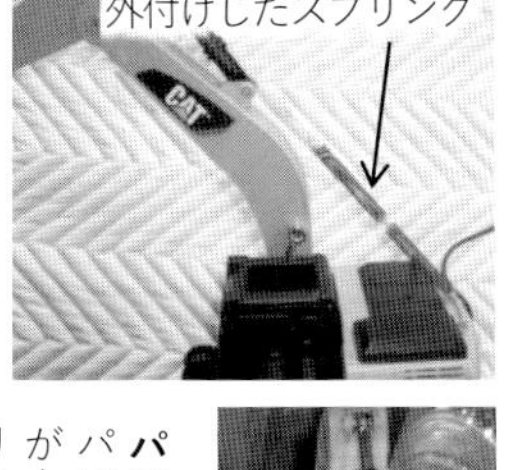

外付けしたスプリング

パワーショベルカーは、リモコン式パワーショベルのアームのクラッチが力不足だったので、外付けで**スプリング**を取り付けて作動するようにしました。

ギヤの破損

プラレールのモーターのピニオン**ギヤが割れていた**ので同形のものに交換しました。

ゼンマイの切断

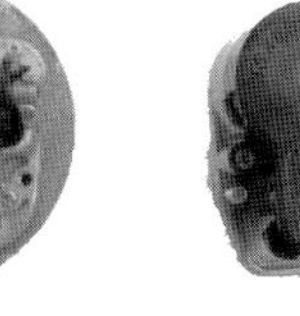

オルゴール人形　白鳥の湖は、オルゴールの**ゼンマイが切れていた**ので手持ちのオルゴールのメカ部を入れ替え、曲ドラムと弁をペアで載せ替えました。

おもちゃドクターに必要な道具は
まずテスター

ほとんどのおもちゃは電池を使っているので、接続箇所の導通をチェックする時や回路の電圧を調べたりするテスターは欠かせないツールです。

小型のが携帯しやすく、導通ブザーがあるのでデジタル式が便利です。電圧、電流、抵抗を測りますが、テスターリード棒の赤プラスと黒マイナスを間違わないようにします。測定範囲(レンジ)の設定ダイヤルは、測るのが電圧なのか、抵抗なのかを間違えないようにし、大きい値から設定します。これを誤ると回路やテスターを壊してしまう可能性があります。

①電圧の測定　直流電圧か交流電圧かを確認し、ダイヤル値を設定します。共通マイナス側に黒リードをあて、赤リードを電池のプラス端子、スイッチ、基板と順次あてて、断線がないかを確認します。

②抵抗値の測定　回路素子の抵抗値を計る時、電源は切っておきます。アナログ式は0オーム調整が必要です。おもちゃのスピーカーのチェックにも使います。

③電流の測定　電流の＋と－の方向を間違わないようにします。ダイヤルは大きい値から設定し、回路の負荷とは直列に電源の＋側に赤のテスター棒を、負荷側には黒のテスター棒をつないで流れる電流を測ります。

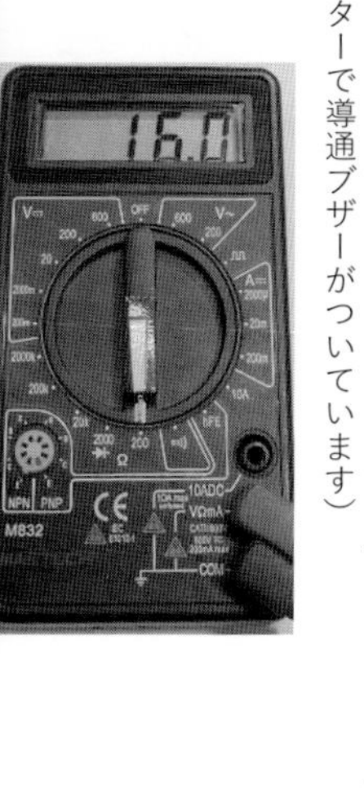

中央の大きなダイヤルで電圧、電流、抵抗などの測定内容と範囲を切り替えます。測定しようとする個所が何ボルトくらいなのかがわからないときは、最大電圧の位置にしてから、測定範囲を下げていきます。(これはデジタルテスターで導通ブザーがついています)

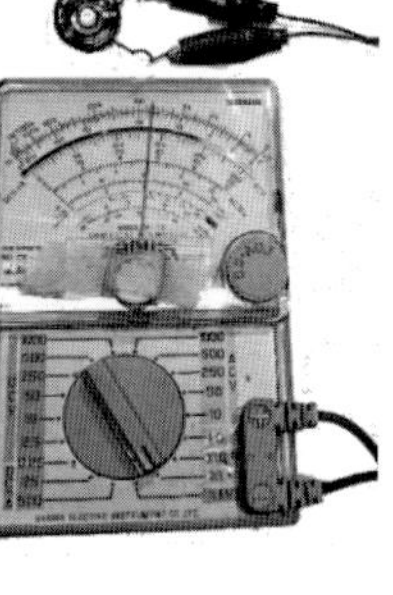

アナログテスターでスピーカーの抵抗を計っています。測定レンジは抵抗のX1で、上部の目盛で針の示度を読み取ると、16オームとわかります。

赤外線リモコンの**ローラーコプター**が充電できないといって来院しました。リモコンについている小さな充電コネクターにピンを挿して、電圧を測ったら4.5ボルト出ていて正常でした。機体の充電池が不良だったので交換すると直りました。

修理の第一歩は電池まわりの確認から

故障探索の第一歩は、電池のパワーがあるかどうかを電池チェッカーで調べることです。

まず電池チェッカーで電池残量を調べます。ＬＥＤが三個点灯すれば、まだ残量有り、一個ならほとんどなし。不点灯なら電池切れを示しています。

電池端子が錆びていれば、爪みがきやリューター（電動研磨工具）できれいに端子をみがきます。電池の液漏れで緑青がふいている状態なら素手で触らないようにし、綿棒で除きます。そして、全体を歯ブラシで清掃します。

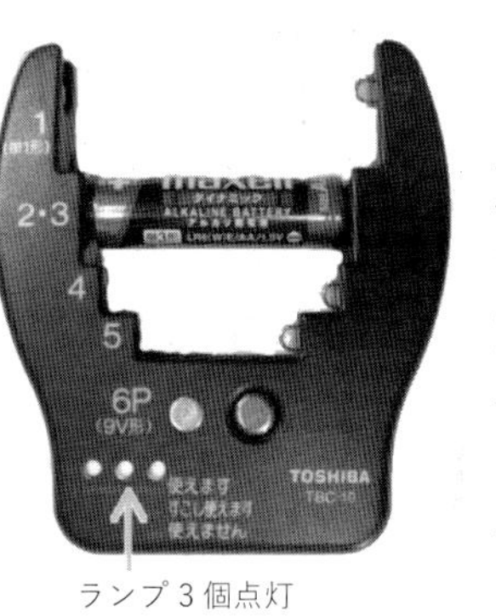

ランプ３個点灯

単３電池をチェック中です。ランプが３個点灯しているので、この電池のパワーは十分あるのがわかります。

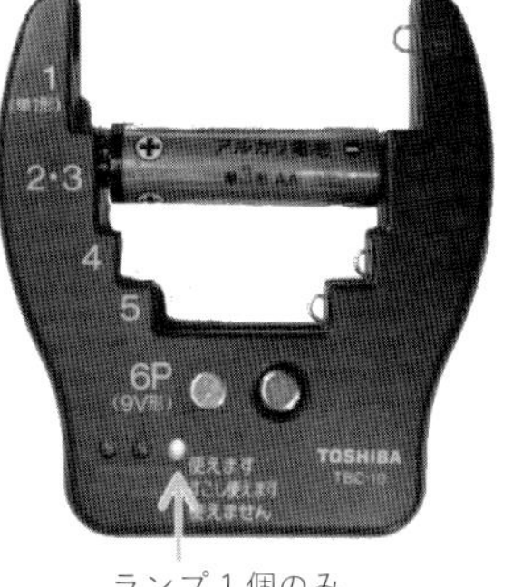
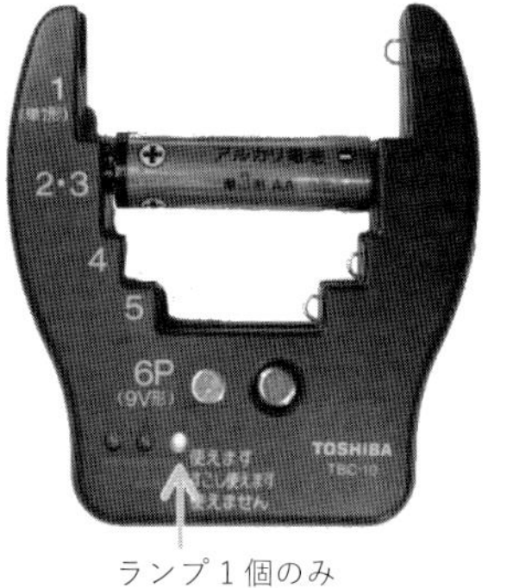

ランプ１個のみ

別の単３電池をチェックすると、ランプが１個しか点灯しないので、電池パワーの残りはありません。

ラジコンカーの送信機の電池ボックス内は、端子がすっかり錆びていましたが、端子が折れたりしていなかったので、磨けば大丈夫でした。

電池端子を爪みがきやリューターできれいに磨き、歯ブラシで清掃すると、端子はすっかりきれいになりました。

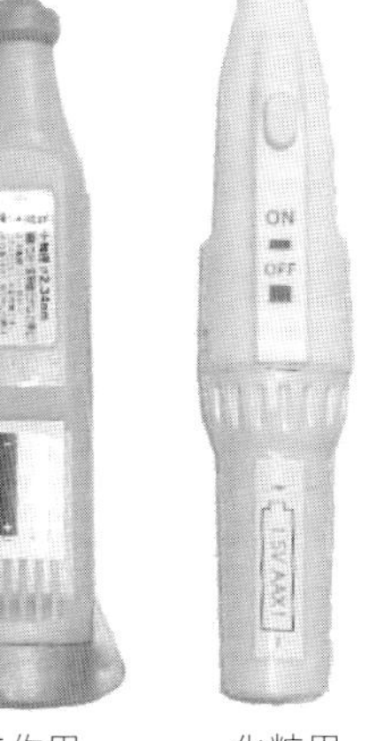

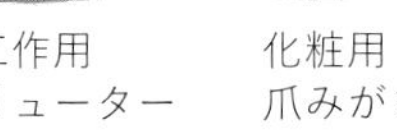
模型用リューター　工作用リューター　化粧用爪みがき

（右２点は百均ショップで入手しました）

電池の種類と注意事項

電池の種類には大きさで単1、単2、単3、単4があります。原料の違いでアルカリ乾電池とマンガン乾電池があり、おもちゃにはアルカリ乾電池を使います。ラジコンなどでは充電式のものもあります。

「おもちゃの動きがおかしい」といって来院してきたもののなかには、入っていた電池がマンガンとアルカリが混在していたり、使い古しの電池が混じっていた場合も少なくありません。電池の扱いについての注意を下記のように、お知らせしています。

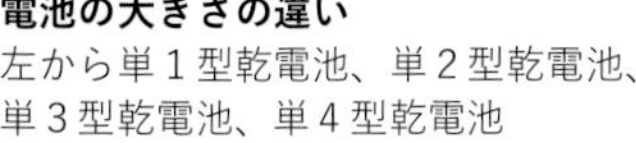

電池の大きさの違い
左から単１型乾電池、単２型乾電池、単３型乾電池、単４型乾電池
（乾電池の電圧は 1.5Ｖ）

電池の種類の違い　その１
左はアルカリ乾電池、1.5Ｖ
右はマンガン乾電池、1.5Ｖ

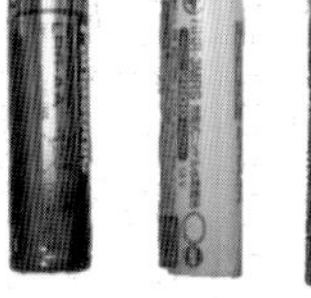

電池の種類の違い　その２
左から 006Ｐ型積層乾電池、　9Ｖ
単３型アルカリ乾電池、　1.5Ｖ
単３型ニッケル水素充電池、1.2Ｖ
単３型ニッカド充電池、　1.2Ｖ
（充電池は乾電池と混在して使ってはいけません）

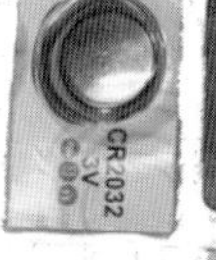

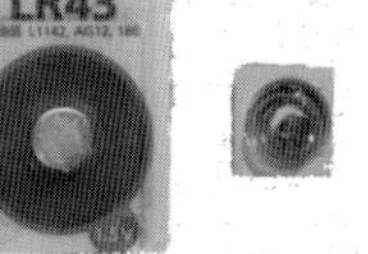

いろいろなボタン型電池
上段：CR2032、CR2016、CR1620
下段：LR44、LR43、LR41

乾電池をチェック

乾電池の交換だけで直るおもちゃがかなりあります。おもちゃが動かない！というときは、まず乾電池をチェックしてみてください。

- 同じ種類（同じメーカーのアルカリ乾電池）を使いましょう。
- 交換する時は４本なら４本をまとめて交換しましょう。
- 電池端子が錆びている場合があります。爪やすりなどで磨いてみましょう。

おもちゃを長持ちさせるには

- 乾電池を使うものは必ずスイッチを切りましょう。
- 遊ばないでしまっておくときは電池を抜きましょう。（長い間使わないと液漏れ、錆の原因になります）
- 動きや音などがおかしいときは電池を調べてみましょう。（電池チェッカーが役立ちます）
- お風呂玩具は遊び終わったら湯水から出して乾かしましょう。
- 遊び終わったら、きれいに汚れなどをふき取っておきましょう。
- 遊び終わったらスイッチを切っておきましょう。

電池の種類と特徴

◇**一次電池**（充電できない、使いきりの電池）　通常 1.5V。
マンガン乾電池　古くから使われているが電力が小さい。時計など。
アルカリ乾電池　モーターなどパワーが必要なものに使われる。
おもちゃや生活機器のほとんどに使われている。
００６P乾電池　ラジコンに使われる９Vの積層型乾電池。角型。
ボタン電池　小形のおもちゃに使われる。さまざまな規格がある。
LR44、LR41、LR1130(LR54)、LR1120(LR55)など。
コイン型電池　データ保持用に組み込まれている。リチウム電池 3.0V
CR2032、CR2020、CR2016、CR1620 など。

◇**二次電池**（充電して繰り返し使える電池）
鉛蓄電池　車・オートバイに使われる。小型の 6V のものが電動乗用三輪バイクおもちゃに使われている。充電時間に注意が必要。
ニッケル水素充電池　1.2V で専用の充電器を使用する。
エネループ、EVOLTA など各社違った名称で出ている。
ニッカド充電池　1.2V で専用の充電器を使用する。今はあまり使われない。
リチウムイオン電池（Ｌｉｐｏ電池）　3.7V で専用の充電器を使用する。
パワーがあるのでデジカメ、携帯電話に使われる。おもちゃではラジコンヘリ、ドローンなど。充電時の扱いに注意。

◇**その他**
太陽電池（ソーラーパネル）の小形のものもおもちゃに使われています。

◇**ボタン電池の互換品**
LR44 には海外製の別名のものがあります。小型のものもおもちゃに使われています。G13、AG13、V13GA、A76、LR1154、RW82 など。

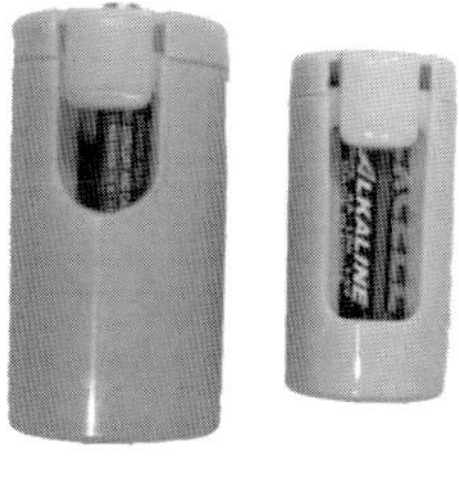
単１型用アダプター　単２型用アダプター

ラジコンなどは一度に乾電池を４本とか６本を交換しなくてはならないときがあります。単３乾電池を 10 本以上用意して、おもちゃ病院の会場に行きます。動作チェックをするときに多くの種類が必要になる場合があるので、変換アダプターも複数用意しています。

単１型は重いし、あまり頻度がないので、左のような「単３から単１型」への変換アダプターを使ってテストします。単２型は２本くらいを持っていきますが、「単３から単２型」への変換アダプターを数本用意していてテストに利用します。

変換アダプターを使ってOKだったら、お客さんには新しい電池を購入してくださいといっておもちゃを返却します。

大事な道具の一つ、電池ボックスを製作しましょう

おもちゃの修理を進めるときに役立つのが、テスト用電池ボックスです。おもちゃには電池を一本、二本、三本、四本使うものがあり、内部を開けて動作試験をする時、回路やモーターに電圧をかけるために使用します。市販品はないので、この四段階の電圧を取り出せる電池ボックスを製作しましょう。

◇**製作手順**（以下、図①〜⑧を参照）

①電子パーツ店や百均ショップで部品をそろえる。
②端子台に合わせてケースに穴を開ける。
③端子台に予備ハンダをしておく。（86ページの「ハンダ付けのポイント」を参照）

電池ボックスの完成品

この端子の一つに赤電線の先を挿すと1.5V、3V、4.5V、6Vが選べます。

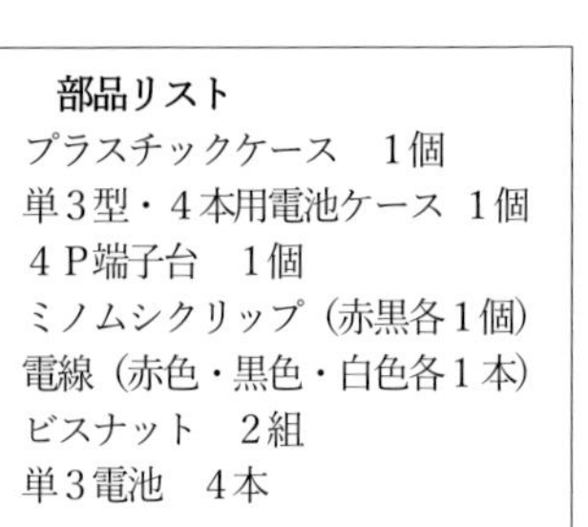

部品リスト
プラスチックケース　1個
単3型・4本用電池ケース　1個
4P端子台　1個
ミノムシクリップ（赤黒各1個）
電線（赤色・黒色・白色各1本）
ビスナット　2組
単3電池　4本

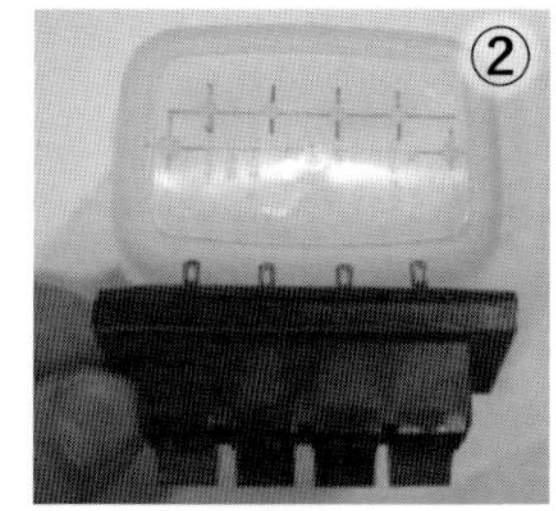

ケースに端子台に合う印をつけ、穴を開けます。

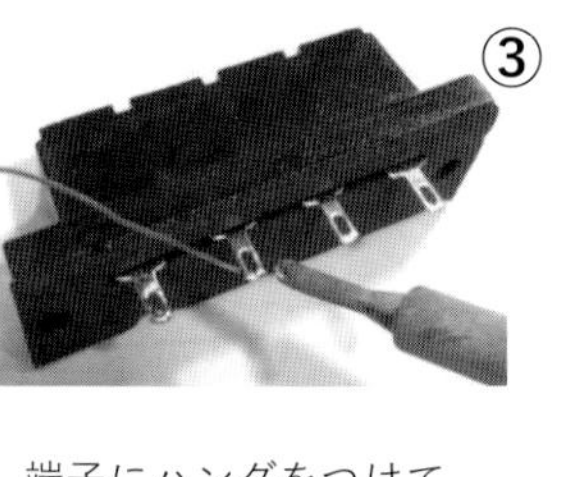

端子にハンダをつけておきます。（予備ハンダ）

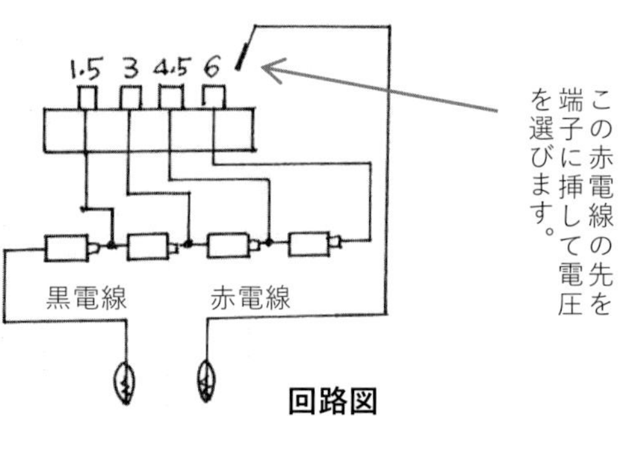

この赤電線の先を端子に挿して電圧を選びます。

④ミノムシクリップ（赤と黒）にそれぞれ赤と黒の電線をハンダ付けする。（別項の「ハンダ付けのポイント」を参照）

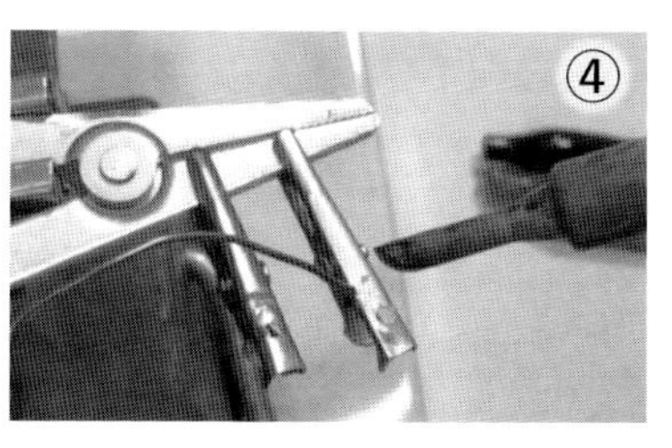

クリップのカバーを取り、電線をハンダ付けします。

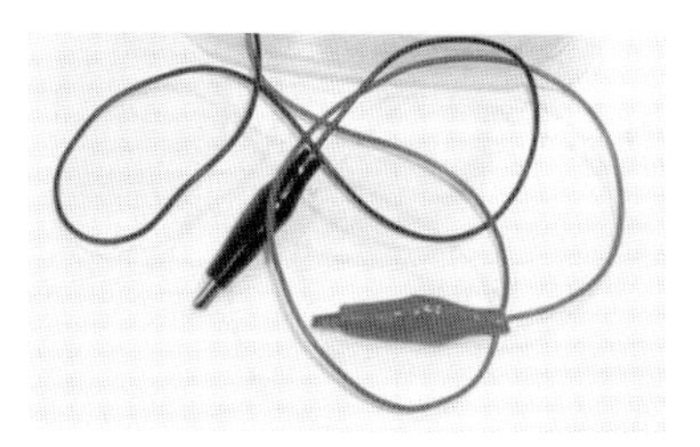

赤と黒のビニールカバーをかけて、ミノムシクリップ付きリード線が完成しました。

⑤四本電池ケースに白電線四本を接続する。

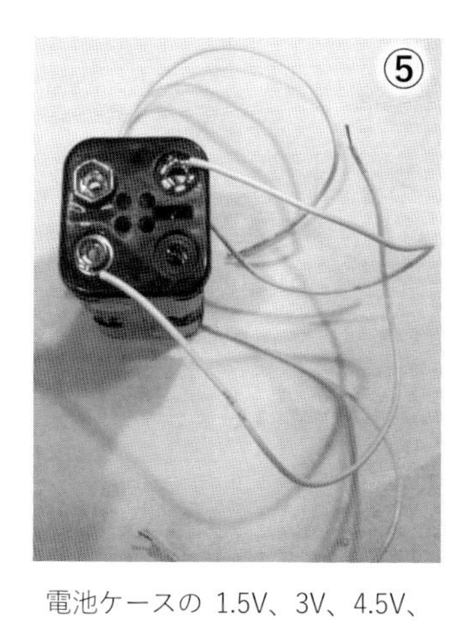

電池ケースの 1.5V、3V、4.5V、6V の該当個所に白電線を接続します。

⑥各電圧用の端子に対応する電池ケースからの白電線をハンダ付けして接続する。（白電線計四本）

⑦ミノムシクリップ付きの赤電線と黒電線を接続する。赤電線はプラスチックケースの穴から通す。黒電線は電池ケースの0ボルト（マイナス端子）のところに接続する。

⑧全体を確認し、出力電圧をテスターでチェックして指定通りの電圧が出ていれば電池ボックスの完成となる。

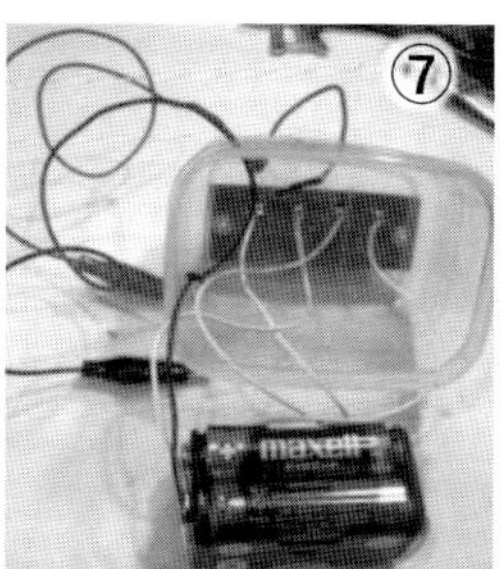

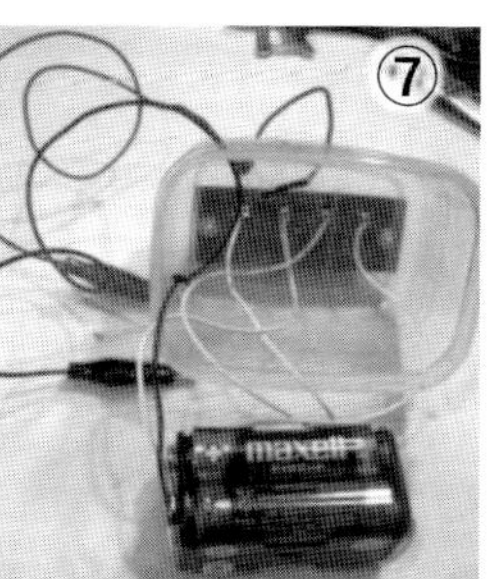

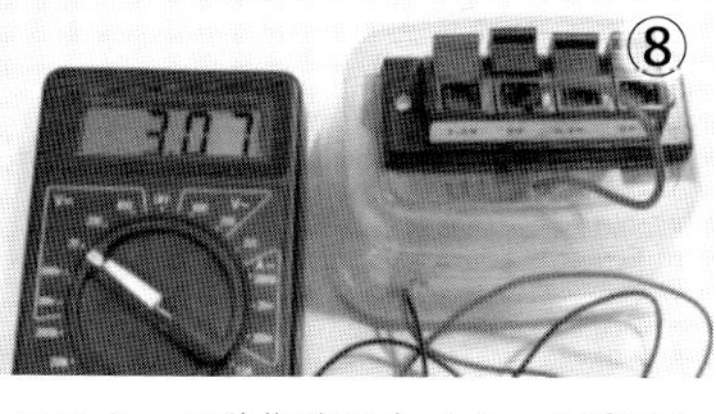

テスターで動作確認中です。２番目の端子に 3V が出ているのでＯＫです。

接着剤の選び方、使い方

破損したおもちゃの多くはプラスチック製です。修理に接着剤を使います。重要なのは接着剤の選択です。材質によってはお互いが接着しない場合があります。それぞれの接着剤が使える用途、材料、特徴を説明書を読んで確かめてから使いましょう。

①瞬間接着剤

シアノアクリル系でゼリー状と液状のものがあります。おもちゃ修理にはゼリー状のものが使いやすい。ほんの少量を使う。指につけないように注意します。

②木工用ボンド

水溶性で木製や紙製の部分に最適。乾いて固定できるまで、時間が少々かかります。

③セメダインC

昔からある（昭和十三年に登場）化学接着剤で、木質部や紙等に使う。速乾性。

④プラリペア

くっつかないプラスチックもありますが、おもちゃに多く使われる硬質のプラスチックに使い、補強もできます（くわしくは88ページの「プラリペアの使い方」を参照）。

⑤ゴム系接着剤　ボンドG

ゴムや皮、木等に用いる。接着両面が少し乾いてから接着させます。柔軟性あり。

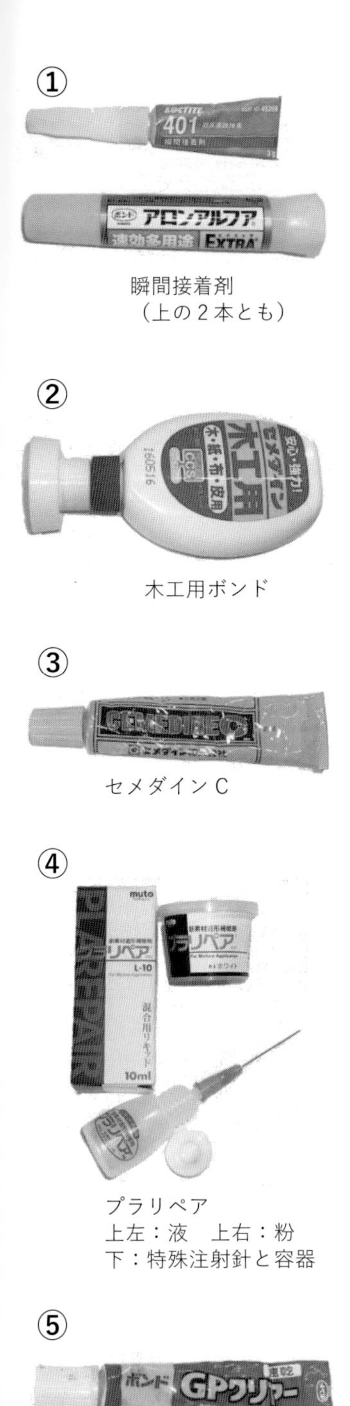

瞬間接着剤（上の２本とも）

木工用ボンド

セメダインＣ

プラリペア
上左：液　上右：粉
下：特殊注射針と容器

ゴム系接着剤　ボンドＧ

⑥プラスチック系接着剤　セメダインスーパーXほか
プラスチックには多くの種類があり、それぞれ専用の接着剤があります。これは通常接着できないポリプロピレン・ポリエチレン・発泡スチロールなどに使用可能です。十分な強度を得るには一日かかります。

⑦2液混合エポキシ接着剤
A液とB液を等量混合して使います。硬化時間は五分〜三十分。長いほど固くなる。金属・陶器・ガラス等、幅広く使え、強度も強いです。

⑧両面テープ
接着力の強力なもの、厚みのあるもの、薄手のものなど多種類あります。用途に応じて使います。

⑥

セメダイン　スーパーX

⑦
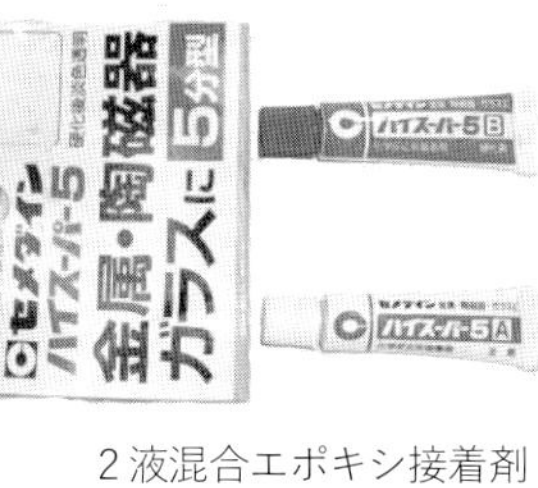

2液混合エポキシ接着剤

⑧

両面テープ

⑨ホットボンド（グルーガン）
ピストル型の専用用具で熱して溶け出した部分で接着します。ぬいぐるみの固定に使われる。またおもちゃ内部の電子部品の固定にも使われ、固まるのが早い。

⑨
ホットボンド（グルーガン）

心棒を入れて接着箇所を補強する実例
折れたパーツの中央部に細いステンレス線の心棒を入れて補強し、瞬間接着剤で接着する方法があります。部材の厚みや動きの方向など補強する方法を考えます。

黄色のレバー形パーツが破損しています。

0.6ミリ径の細いステンレス線でピンを差し込み、接着します。

パーツの補修が完了しました。

工具や道具をそろえる

おもちゃを修理するには、基本的な工具が必要です。皆さんもいくつかはお持ちでしょう。それらを使ってもいいのですが、おもちゃドクター用としてワンセットそろえたらいかがでしょうか。おもちゃドクターとして児童館や地域のイベントに出向くとき、工具ケースにまとめて持っていけば便利です。

工具には高価なものもありますが、初歩としては百均ショップで購入しても十分使えます。おいおいグレードアップしてそろえていくのも楽しみのひとつです。

基本的な工具類を工具ケースに整理しています。ほぼ必要な工具がコンパクトにまとまるので、おもちゃ病院に行くときに便利です。

はじめのひとそろえ

まずは、ドライバー（プラス、マイナス）、ラジオペンチ、ニッパー、ピンセット、ハンダこて、こて台、小型デジタルカメラなどでしょうか。

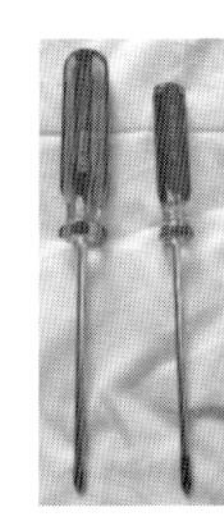

ドライバー

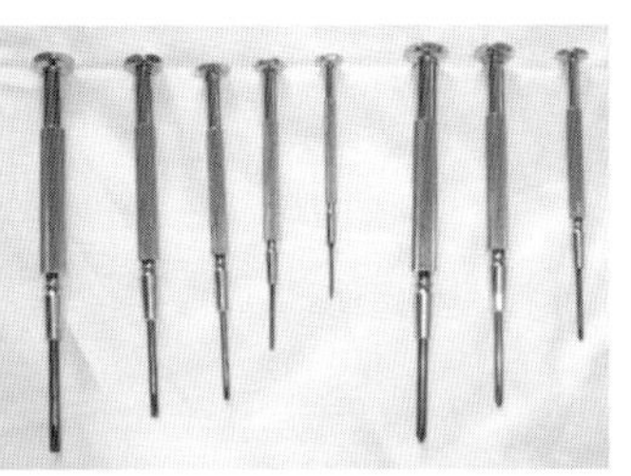

精密ドライバー

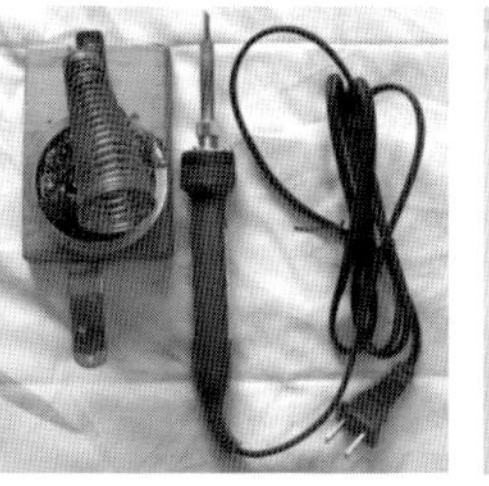

ハンダごて・こて台

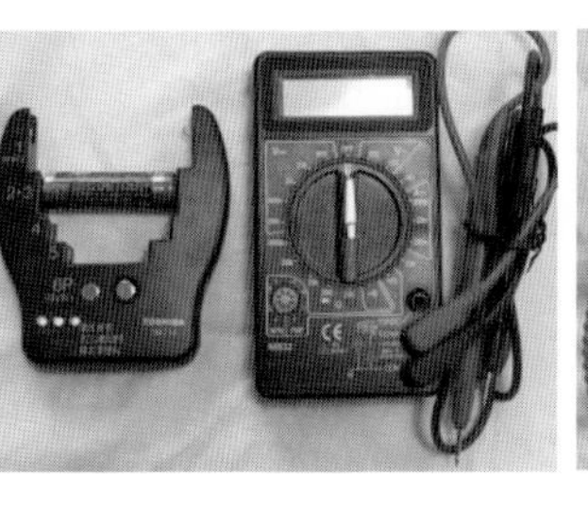

電池チェッカー・テスター

ニッパー

ラジオペンチ

そろえておきたい工具や道具類リスト

☆☆は必要な道具類、☆はあると便利な道具

No	工具・道具の種類	必要度	コメント
1	プラスドライバー	☆☆	＋P1、＋P2（軸の細いのが使いやすい）
2	マイナスドライバー	☆☆	－５（＋を含めて軸長 100mm が使いやすい）
3	精密ドライバー	☆☆	＋と－の６本組など
4	ラジオペンチ	☆☆	先の細いもの
5	ハンダごて、ハンダ、こて台	☆☆	おもちゃ修理の電子部品のハンダ付けには 30W 程度が必要。こて台は安全のためカバー有りがベター。ハンダはヤニ入りスズ 60 鉛 40、ϕ0.8mm がよい。
6	ニッパー	☆☆	小型、強力型、（ワイヤーストリッパー）
7	ピンセット	☆☆	先の細いもののほか、コブラ型が使いやすい
8	消しゴム	☆☆	接点みがき用
9	CRC 5 - 56	☆☆	潤滑剤（プラスチック用）
10	電池チェッカー	☆☆	１台あれば効率的に電池チェックができる
11	電池ボックス	☆☆	1.5V、3V、4.5V、6V を出力できる自作したもの
12	テスター	☆☆	各種あるが、小型のアナログ式で十分
13	瞬間接着剤	☆☆	小型のチューブ型が携帯に便利
14	やっとこ	☆	先の細い平らなもの
15	ペンチ	☆	強い力でつかむ
16	ハサミ	☆	ぬいぐるみもあるので一般用でよい
17	カッター	☆	切断、切り出し
18	ヤスリ	☆	小形の金工用の平と丸があればよい
19	電池式砥石	☆	化粧品用の爪みがきが使いやすい。ミニルーター
20	ホットボンドガン	☆	ホットボンドによる接着用
21	アルコール	☆	清掃用
22	オイル	☆	プラスチック用、シリコンオイルスプレー
23	作業台	☆	Ａ４カッターシート利用、ネジ等仮置き用の皿
24	ウエス	☆	清掃用、ボロきれ数枚
25	歯ブラシ	☆	清掃用
26	テープ類	☆	セロテープ、ビニールテープ、両面テープ
27	８分割薬ケース	☆	分解時のネジパーツの分類用
28	接着剤各種	☆	木工ボンド、ボンドＳＵ（多用途）
29	テーブルタップ	☆	ＡＣ電源の延長
30	小型デジタルカメラ	☆	分解記録、修理手順の記録・確認用
31	裁縫セット	☆	旅行用の小セットでよい。白糸、黒糸
32	テスト用電池	☆	単２、単３、単４、ボタン電池　ほか
33	懐中電灯	☆	細部の照明
34	接点復活剤	☆	スライドスイッチ等の接触回復用

部品類をそろえる

おもちゃドクターとしてスタートした頃は休日のたびにホームセンターや模型屋さん、電子パーツの店、百均ショップをうろうろしました。今では旅行かばんにプラスチックケースに分けたものをおさめ、工具類も持って、おもちゃ病院を開院する場所に持参しています。

☆**おもちゃのギア・・・・**モーター軸のピニオンギアが割れる故障がかなりあります。これは模型屋で8歯10歯12歯のセットが百円弱で売っています。これの10歯を使う場合がほとんどです。

☆**モーター・・・・**モーターそのものの不良原因もかなりあります。パーツ店や模型店にマブチのモーターが数種類置いてあるので、大きさを合わせて購入して交換治療します。

☆**スピーカー・・・・**音の出るおもちゃはスピーカー（径30ミリくらい）の不良もよく起こります。この場合、百均ショップで延長スピーカーやヘッドホンを購入し、これをばらして小形のスピーカーとして使います。

☆**電池各種・・・・**多いのが電池容量不足。単3、単4のほか、ボタン電池LR44ほか各種を用意しています。四〜六本を一度に交換するときもあるので、複数本を持つのは重いのですが用意していきます。

おもちゃ修理によく使う部品を百均ショップやホームセンターにあるパーツケースに整理して用意します。電線も数種類用意します。

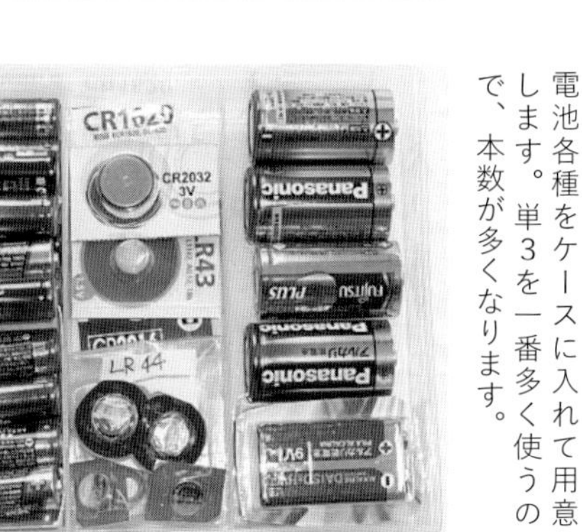

電池各種をケースに入れて用意します。単3を一番多く使うので、本数が多くなります。

そろえておきたい部品類リスト

☆☆はそろえておきたい、☆は使うことがある

No	部品の種類	必要度	コメント
1	ピニオンギヤ	☆☆	8歯 10歯 12歯(2mm軸)
2	プラレールタイヤ	☆	交換用ゴムタイヤ
3	プラレール連結パーツ	☆	Aタイプ、Bタイプ
4	モーター	☆☆	FA130タイプ、RE260タイプ、RE140タイプ
5	電池端子	☆	単3用+側端子、−側スプリング連結タイプ
	同	☆	単3用+側端子、−側スプリング端子
	同	☆	単4用+側端子、−側スプリング連結タイプ
6	スピーカー	☆☆	26〜28φ、8Ω〜32Ω
	同		22φ、36φ、8Ω〜32Ω
7	マイクユニット		10φコンデンサーマイクエレメント
8	スライドスイッチ	☆	3P19mm
	同		3P15mm
9	タクトスイッチ	☆	6mm角5mm高、2mm高
10	プッシュスイッチ		7mm角ノンロック（モーメンタリー）
	同		7mm角ロックタイプ（オルタネート）
11	リード線	☆☆	0.15撚り芯、外径1.3mm、赤黒白青 各色5m
12	細ステンレス線	☆	#24（0.6mm）、#32（0.26mm）各5m
13	熱収縮チューブ	☆	2φ、3φ、5φ
14	オルゴール		18弁サンキョー製（リサイクル店で入手）
15	ネジ類	☆	2mm、3mmビスナット
	同	☆	小タッピングビス各種
	同	☆☆	プラスチック用ビスはジャンク品を活用
16	結束バンド	☆	細目のもの各種
17	銅板小片		0.3mm厚程度、切れ端で可
18	プラ板		0.5mm厚程度、80×150程度
19	パーツ箱		プラスチック箱、チャック袋 等（百均ショップで）

- モーターやギヤは街の模型屋さんにあります。タミヤ模型のホームページにある全国販売店ガイド(https://www.tamiya.com/japan/shop/index.html)に各地のお店が載っています。
- 工具類はホームセンターにありますが、お店により品ぞろえが異なります。時々別の店を見て自分の欲しいものを探します。見て回るだけで参考知識が得られます。
- 電子パーツを置いている店は少ないので、秋葉原の「秋月電子」や「マルツ」などに、時々ネット注文して部品を手に入れます。電子部品類は小さいので送料はあまりかかりません。
- 百均ショップには、いろいろ利用できるものが多いです。
- リサイクルショップを物色し、部品活用のためのオルゴールなどを探しました。
- 壊れたおもちゃも分解してネジなどの部品を再利用できるように、小箱にまとめてとっておきます。

ハンダ付けのポイント

おもちゃの修理では、電源まわりのトラブルが多いため、電線をハンダ付けする必要が発生します。ていねいに作業をすれば、表面の見た目が滑らかで、富士山のような形のきれいなハンダ付けができます。

①道具について

◇ハンダごて　20〜30Wクラスのもので、こて先の形状は3ミリほど、斜めカット型が使いやすい。（温度調節機能付きセラミックヒーターが最良）

◇ハンダ　鉛入り0.8ミリ径のスズ60、鉛40%のヤニ入りハンダが使いやすい。

◇フラックス　金属表面の酸化物を除く役目がある。電気工作用のペーストが使いやすいが、電子基板には使わない。基板には液状のフラックスを使用する。

②予備ハンダ

■ あらかじめ、こて先や部品にハンダを少量溶かしておくことを予備ハンダといいます。通電してハンダごてが温まったら、こて先をクリーナーできれいにします。

■ 糸ハンダを少量溶かす。（通称「濡れた状態」になる）

■ 端子台や電池ケースなど電線を接続する金属端子に予備ハンダをする。

イチ、ニイ、サン、シイのリズム、**イチ**でこて先で端子を温める、**ニイ**で糸ハンダをあてて溶かす、**サン**で溶けたハンダが流れる、**シイ**でこて先を離す。

■ うっすらとハンダが光った状態だとOKです。

こて先

セラミックヒーター

ハンダごて
セラミックヒーター型で、こて先は斜めカット型が使いやすい。

ハンダ
0.8mmの電子機器用を使う。

フラックス
右　ペースト状フラックス
左　液体フラックス

こて台
ハンダごてを安定して置くことができ、安全のためカバーがあり、こて先クリーナーもあるとよい。

作業補助台
クリップや小型作業台で電線を固定し、作業の補助をする。

③電線のハンダ付け

■リード線の先端を、6ミリほど絶縁をむき、よじる。

■その先端にフラックスを少しつけ、少量のハンダ付けをする（これを予備ハンダという）。

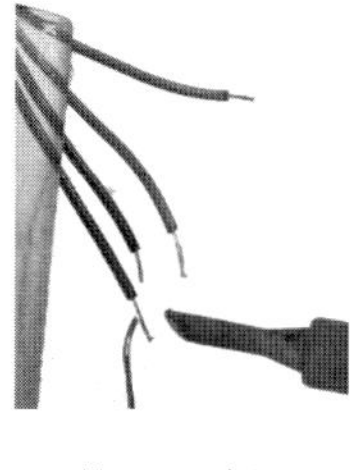

予備ハンダをする。

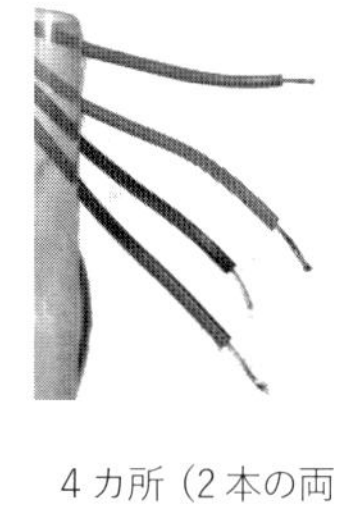

4カ所（2本の両端）とも予備ハンダをする。

■端子台の端子に電線を接続する場合、予備ハンダをした線の先端を曲げ、端子の穴に引っ掛ける。

■線を作業補助台につけたクリップで固定し、糸ハンダで「イチ・ニイ・サン・シイのリズム」でハンダ付けをする。

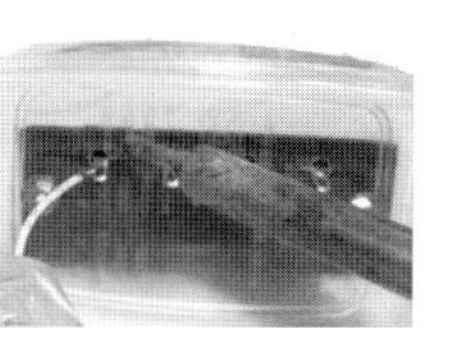

端子に線をからげてから、線を端子にハンダ付けする。

残りの端子のハンダ付けを続ける。

④ミノムシクリップへのハンダ付け

■クリップカバーを取り、予備ハンダをする。

■予備ハンダをしたリード線の先端をクリップの穴に通し、ハンダ付けをする。

■線の絶縁部をクリップのツメで押さえる。

■クリップカバーを戻して完成。

予備ハンダをしたクリップにリード線をハンダ付けする。

電線の被覆をクリップのツメで押さえる。

⑤熱収縮チューブを絶縁・保護のために使う

■接続箇所にかぶせ、ハンダごての背で温めて絶縁する。

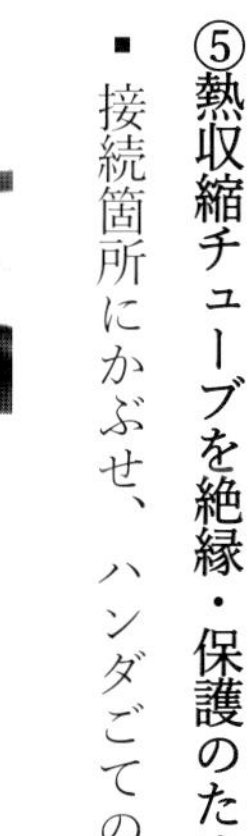

チューブをこてで熱する。

電線がチューブで保護された状態になる。

プラスチック部分の破損修理にはプラリペアが有効

プラスチック製のおもちゃのパーツが折れたり、欠けたりしたものは、簡単に瞬間接着剤でも補修できますが、「プラリペア」を使うと補強もできて、うまく直せます。

プラリペアとはプラスチックの粉と液を混合して使う造形補修材で武藤商事の商品名です。模型店や大型ホームセンターにあります。

またパーツが一部かけていても「型取り」をして、その欠けた箇所を再生して直すことができます。

ニードルは「くの字」に曲げた方が使いやすいです。

これらを使って修理する実際例を以下に示します。

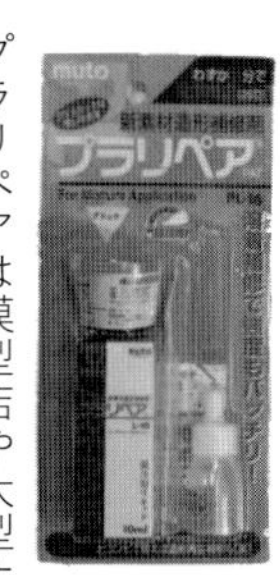

プラリペアは模型店や大型ホームセンターでこのようなパッケージで売っています。

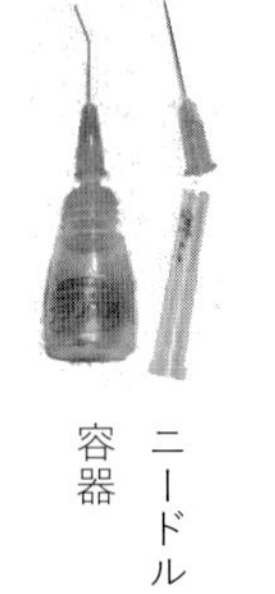

ニードル
容器

粉
（白、黒など）

スポイト

専用液

◇破損した「ゴミ収集車」を直す実際の修理過程

①破損個所を確認する

この下側の部分がなくなっていました。復元する必要があります。

このフック部が根元で折れていました。

②破損パーツを接着する

破損した部分を瞬間接着剤で固定。プラリペアを周囲に垂らして厚盛りにし、補強します。

③復元する箇所の型取りをする

破損部分と同じ形の部分に柔らかくなった「型取り」を押しつけます。（後から液を流し込む方向を考えておく）

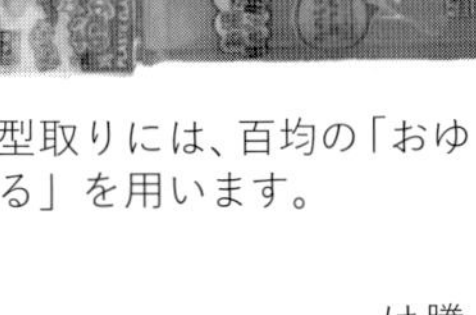

型取りには、百均の「おゆまる」を用います。

「おゆまる」を沸騰したお湯に浸け柔らかくする。

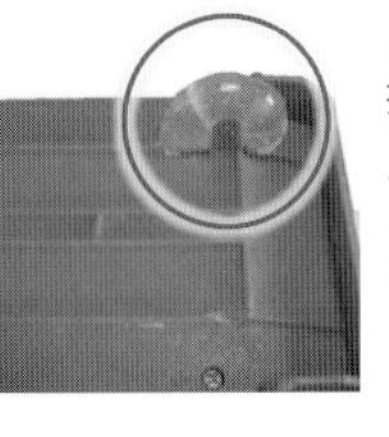

正常な部分に柔らかくなった型取りを押しつける。

④流し込む「型」を製作

「型取り」が冷えてから外すと、「型」ができている。

外すと「型」ができています。

⑤「型」に流し込む

プラリペアの粉と液をできあがった型に流し込む。

なくなった部分に押しあてて、プラリペアを流し込む。

⑥破損個所が復元される

プラリペアが固まり、パーツが再生される。

荷台の支持部が再生される。

⑦ネジを取り付ける

車体への取り付けネジをつけて、組み立てる。

穴を開けて、ネジをつける。

こわれていた「ゴミ収集車」修理のビフォー、アフター

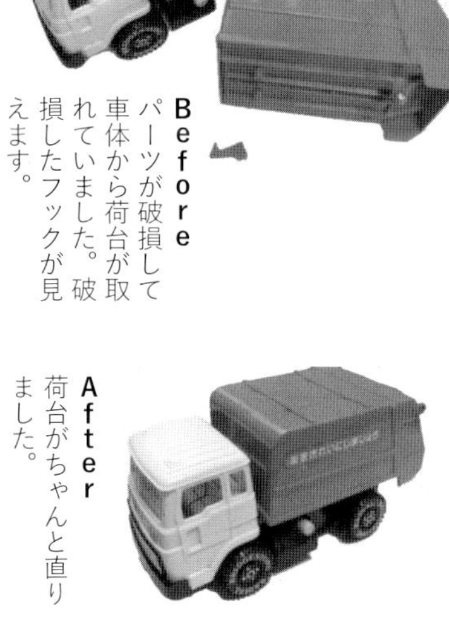

Before
パーツが破損して車体から荷台が取れていました。破損したフックが見えます。

After
荷台がちゃんと直りました。

プラリペアの代用品

プラリペアの混合液と粉の代用品が百均の化粧品ネイルコーナーにあります。型取り用の「おゆまる」は同じく百均の文具コーナーにあります。

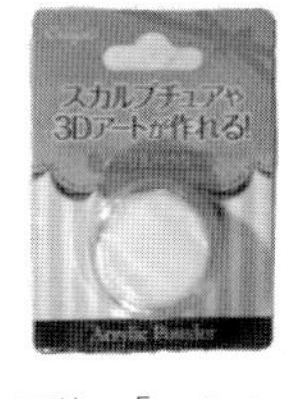

百均の「アクリルリキッド」と「アクリルパウダー」で代用。

ベルト不良の故障は手作りの丸ベルトで直します

動かなくなったおもちゃの故障原因の一つにベルト不良があります。丸ベルトを製作して直してみましょう。「糸ゴム」を使う場合と「バンコード」を使用する二つの方法を紹介します。試してみてください。

1　糸ゴムと瞬間接着剤によるベルト作り

糸ゴムを瞬間接着剤で接着して自由な大きさのゴムベルト（輪ゴム）が作れます。

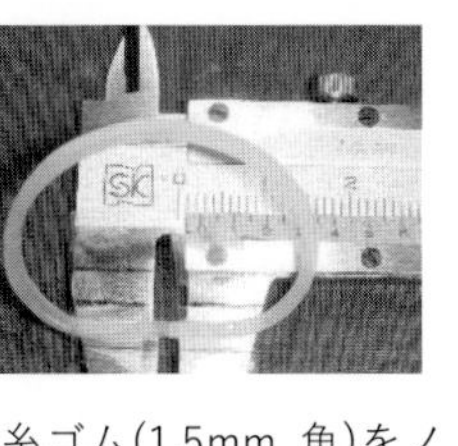

糸ゴム(1.5mm 角)をノギスにテープで仮止めする。そして少量の瞬間接着剤で突き合わせた切り口を接着する。しばらくこのままにしておく。引っ張り強度は十分にある。

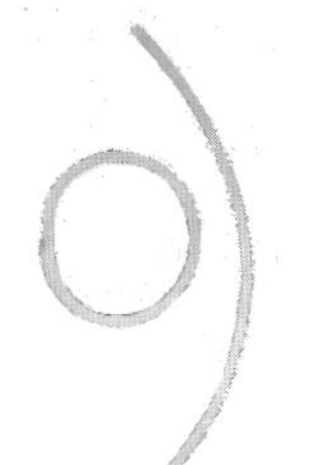

必要な長さ(直径×3.14)を切り出した糸ゴムを用意する。

動かなかった**おやすみメリー**はモーターとプーリーにかかっている丸ゴムベルトが伸びていたので、糸ゴムで作製し、取り付けて動くようになりました。

2　バンコードを使い熱融着して丸ベルトを作る

「バンコード」とはバンドー化学製の丸形の断面で直径1.5ミリのベルトです。1メートル当たり約70円。少し柔らかいのですが伸縮性はあまりありません（東急ハンズで見かけました。各店舗で注文できます）。

切れたベルトの全長と同じ長さにバンコードを切り出します。二、三個寸法を変えて作ることが多いです。

長さ＝直径×円周率3.14で測ります。

「踊る人形」やトレーが出ない「ＤＶＤプレーヤー」などをこの方法で直しました。

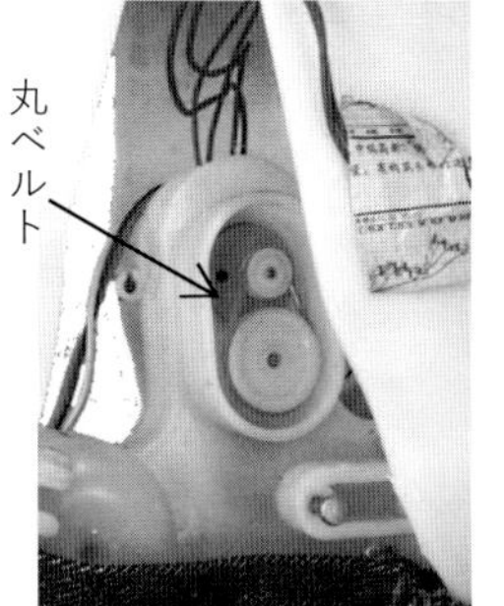

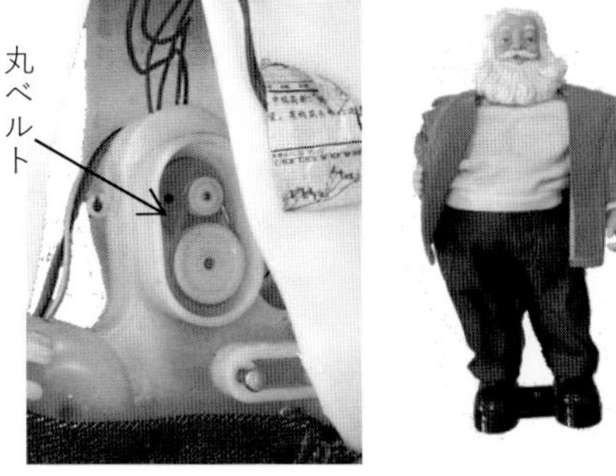

この**踊るロックンローラー**も、なくなっていた腰を動かす仕掛けの丸ベルトを取り付けて動くようになりました。

この丸ベルトをバンコードで作製しました。

①金属ノギスを利用して丸ベルトを作製する方法

最初は手持ちの金属ノギスとセロテープを使う方法で作りましたが、調整が難しく、もう一工夫考えました。

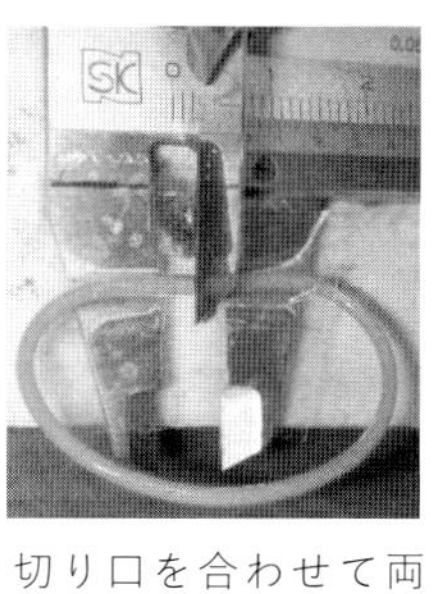

切り口を合わせて両端をテープで留める。次に切り口の両端を、熱したカッター刃を当てて溶かし、すばやく突き合わせて融着させる。

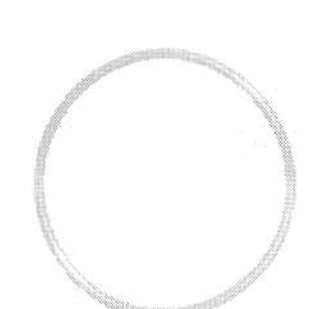
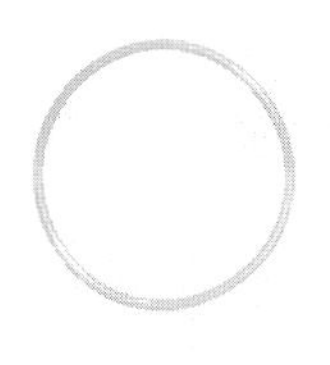

作製した丸ベルト

②プラスチック製ノギスを使った丸ベルトの作製の仕方

百均で手に入るプラスチック製ノギスで専用工具を作って、丸ベルトを作製しました。

(1)プラスチック製ノギスを用意し、薄い燐青銅板の押さえ板２枚を小ビスで留めました。

(2)バンコードをくわえ、ピタリと突き合せた後、少し隙間を開け、熱したカッター刃でバンコードの両端を溶かし、すぐに密着させると丸ベルトが完成。

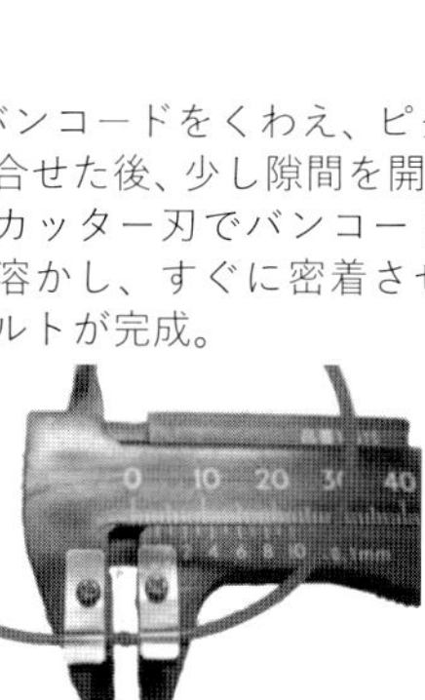
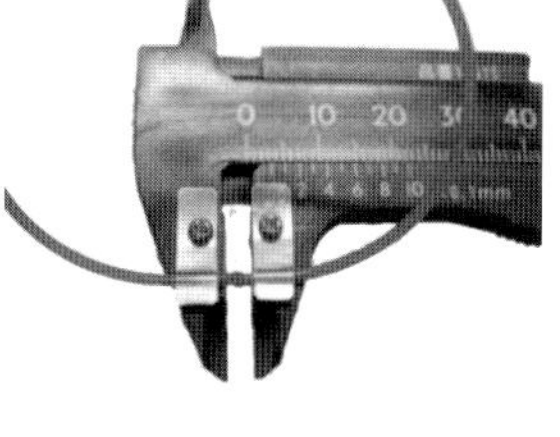

③プラスチックピンセットを利用して丸ベルトを作製する方法

何回か丸ベルトを作っていると、コードの両端を熱融着するときのノギスの押しつけ加減に苦労します。そこで次のプラスチックピンセットで専用工具を作ってみたら、よい調子で丸ベルトが作れました。

(1)プラスチックピンセットの中間に 1.5mm 径バンコードをはさめるように 1.3mm 径ドリル刃で「ミゾ」をつける。

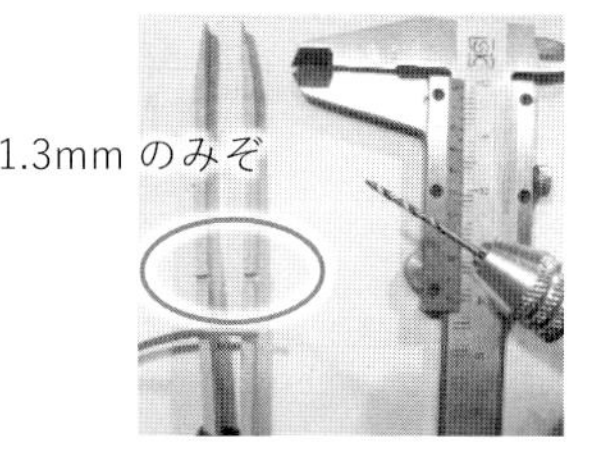

(2)みぞに必要な長さの 1.5mm 径バンコードを挟み込み、その両端をホットナイフ（ハンダごて）で熱して熔かす。

(3)すばやくバンコードが熔けているうちにピンセットを適当な力でつかみ、両端を合わせる。固まったら外して融着部分の余分な部分を小ニッパーで取り除く。

まぶたが動かなかった**にゃん太郎**が作製した丸ベルトを付けて直りました。

ラジコンの修理の進め方

「ラジコンが動かない」といって来院してくるケースが時々あります。ラジコンの故障の多くは電源まわりで、電池のパワー不足や電池端子の錆が原因の大半です。ギヤの割れが原因である場合もありますし、基板の不具合もたまにあります。

ラジコンの基本的な構成は、リモコン送信機からの電波による信号が車体に組み込まれている受信機で検知されて、次のような動作をします。

①前進後退は走行用モーターに信号を送る。

②左右のハンドル操作は前部にあるステアリング機構に信号を送る。

③ライトや音はそれぞれの信号を受ける。

となっているので、「動かない」という現象をそれぞれの構成にわけて故障個所の探索を進めます。

原因探索の進め方

1. 電源まわり（電池、端子）のチェックを行う。

2. 複数チャンネルの選択スイッチがあるものは、送信機と受信機のチャンネルを確認する。

3. 故障が送信機側か受信機側かを見きわめる。

次の方法で送信電波を確認します。

いろいろなラジコン
ラジコンのおもちゃにはいろいろな種類があります。スポーツカーやオフロードカー、またパワーショベルカーなどの建設車両が多いです。

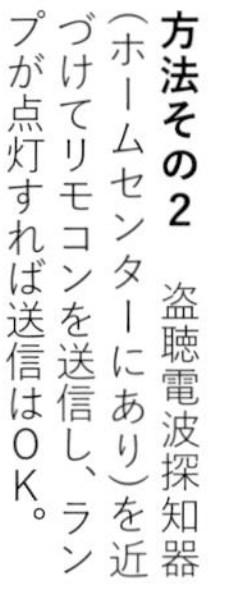

ヘリコプターやドローンなどの飛行体のラジコンおもちゃも人気がありますが、壊れやすいのが欠点です。直せる場合もありますが、おもちゃドクターはかなり苦労します。

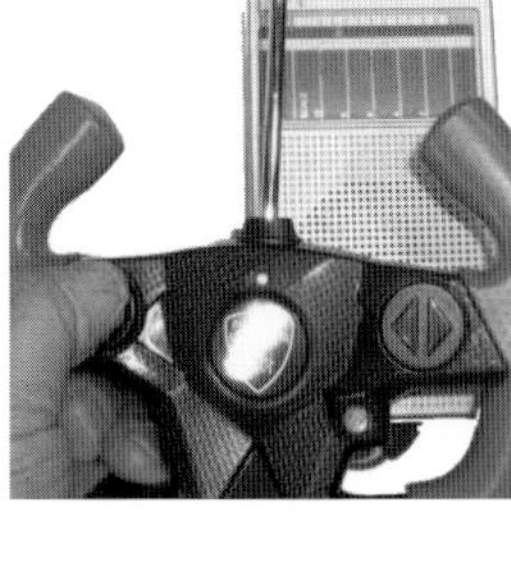

方法その1　ラジオに近づけてリモコンを送信し、「ピヒャーギャー」と音がすれば送信はOK。

方法その2　盗聴電波探知器（ホームセンターにあり）を近づけてリモコンを送信し、ランプが点灯すれば送信はOK。

4． 送信機側に原因がある場合

(1) ランプが送信機についていて、点灯するかどうか

(2) 送信電波が出ていても、操作しての動作が正常でない場合は、操作部の接触を点検する

(3) 電波が出ていない場合は、基板や配線を点検する

5． 受信機側に原因がある場合

(1) 動かない場合、基板や配線を点検する

(2) 走行用モーター、操舵用モーターに荷電してモーター単独で動くかどうかを点検する

(3) モーターは回っても走行しない場合、ギヤボックスを点検する。原因としてはピニオンギヤの割れが多い

ラジコンの電波について

電波は周波数によって名前がついており、ラジコンの多くは短波帯の電波を使っています。トイラジコンは免許の不要な専用周波数として二十七メガヘルツと四十メガヘルツ帯が割り当てられています。チャンネルが限られるので混信の恐れがあります。最近は電子部品の進化のおかげで、極超短波帯の2.4ギガヘルツ帯を用いたものは誤動作がなくなりました。

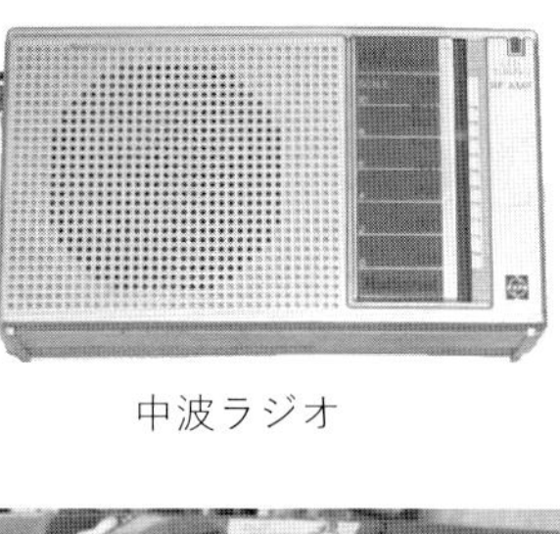

中波ラジオ

盗聴電波発見器

27MHz、40MHz 帯は写真上の中波ラジオで送信を確認できる。
2.4GHz 帯は、写真下の盗聴電波発見器で確認できる。

赤外線リモコンについて

室内用リモコンおもちゃには赤外線利用のものがあります。この送信を確認するにはデジカメでアップして見ると送信時に光るので、わかります。

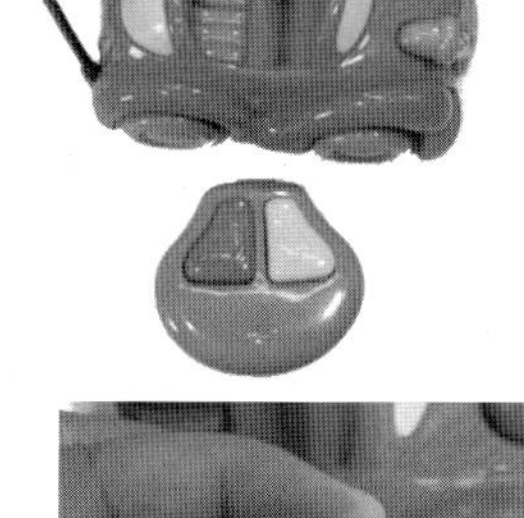

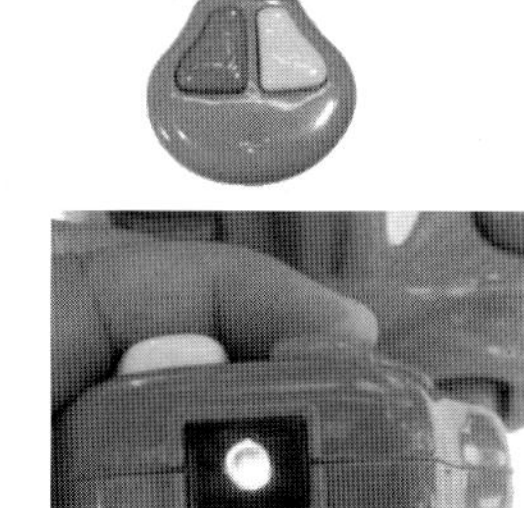

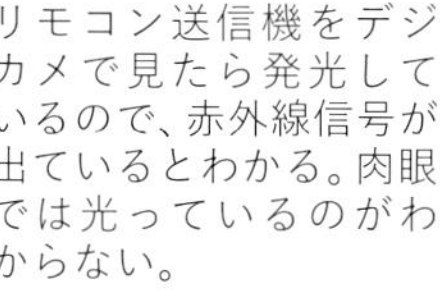

リモコン送信機をデジカメで見たら発光しているので、赤外線信号が出ているとわかる。肉眼では光っているのがわからない。

ギヤについての知識

動くおもちゃにはギヤボックスが使われています。モーターの早い回転数を適当な回転数に変換するのが、いくつものギヤを組み合わせた「ギヤボックス」の役割です。ギヤボックスで回転数を小さくすると回転する力は反対に大きくなります。この原理をおもちゃが必要とする動きに利用しています。

ギヤの種類

おもちゃに使われているギヤは、ほとんどが平ギヤとモーター軸のピニオンギヤとウオームギヤです。

平ギヤ　2段ギヤ　クラウンギヤ

回転数を減速させる。

上：ウオームギヤ
下：ピニオンギヤ
モーターの回転を伝える。

左：ウオームギヤと平ギヤ
右：ピニオンギヤと平ギヤ

ウオームギヤはモーター軸と直角に回転を伝える。

ギヤボックスで減速

ギヤボックスでは、数段のギヤで動力を伝達することで出力側はおもちゃの動きに合った回転数になります。

ギヤのモジュールとは

壊れたギヤを交換して直す場合、同じ規格（歯数や大きさ）のものを用意します。ギヤの大きさを表す「モジュール」という数値は重要で、同じにします。「モジュール」の値はギヤの直径を歯数＋2で割った値です。模型や玩具に使われているのは0.5モジュールのギヤがほとんどで、一部0.6モジュールもあります。

8歯　10歯　12歯
（モジュール0.5）

10歯　12歯
（モジュール0.6）

ギヤのサイズ
0.5モジュールが通常です。

歯数	外径mm
8	5.0
10	6.0
12	7.0

やまみち峠ドライブには0.6モジュールのギヤが使われています。

歯数	外径mm
10	7.2
12	8.4

2段階の減速

ミニ四駆の減速のしくみ

この「ミニ四駆」はモーターピニオンが8歯、中間2段ギヤが24／18歯、車軸平ギヤが30歯です。減速比は8/24×18/30＝1/5と計算できて、回転数は5分の1になります。

タイヤ直径が30mmで、モーターの回転数を毎分9000回とすると、1回転で94.2mm進み、9000×1/5×0.0942×60≒10km/hとなり、この「ミニ四駆」は時速10kmほどで走行すると予想できます。

プラレールのギヤボックスの修理

プラレールのギヤボックスには数種類あり、分解組み立てのしやすいのもありますが、ギヤボックスのカバーが接着されていて分解に苦労するものもあります。

分解するときはワンステップごとに**デジカメで記録**し、ギヤを組み立てるときに悩まないようにします。

プラレールの電池端子まわりの修理のほか、ギヤボックスを分解するときは、カバーを外すときにスプリングが飛ばないように注意します。故障の多くは清掃とモーターやピニオンギヤの交換で直ります。

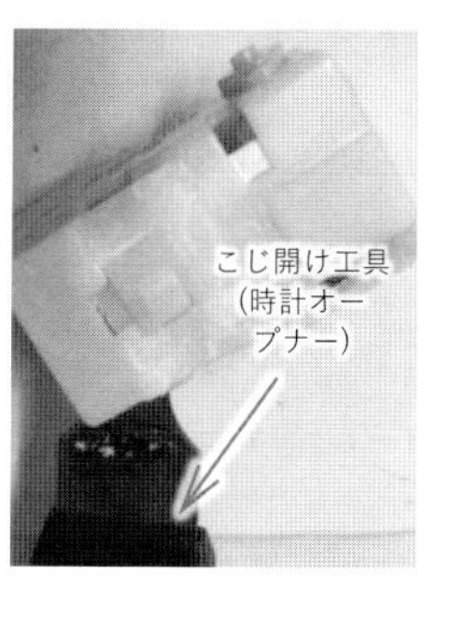

ギヤボックスを開けるには時計用こじ開け工具で接着されていたカバーを取りはずします。左右は上部のツメをはずして分解します。

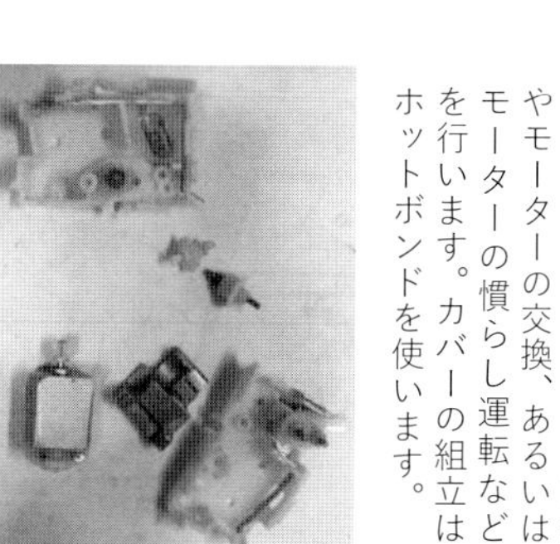

分解し、ピニオンギヤの交換やモーターの交換、あるいはモーターの慣らし運転などを行います。カバーの組立はホットボンドを使います。

ギヤボックスを復元する時、ギヤの組み合わせに注意します。スプリングを反対側の側面に瞬間接着剤でチョン付けして仮固定し、カバーを合わせます。

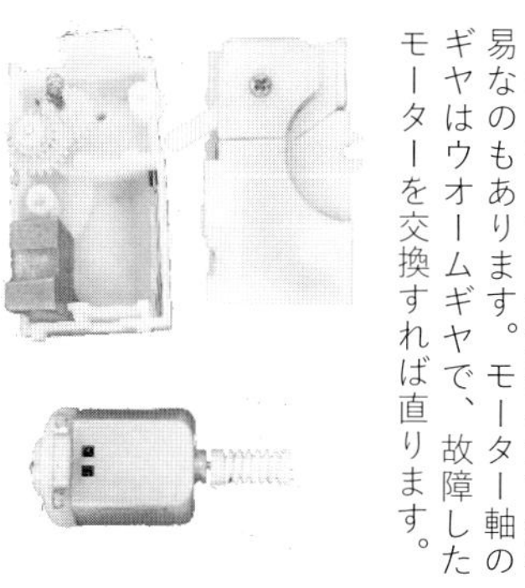
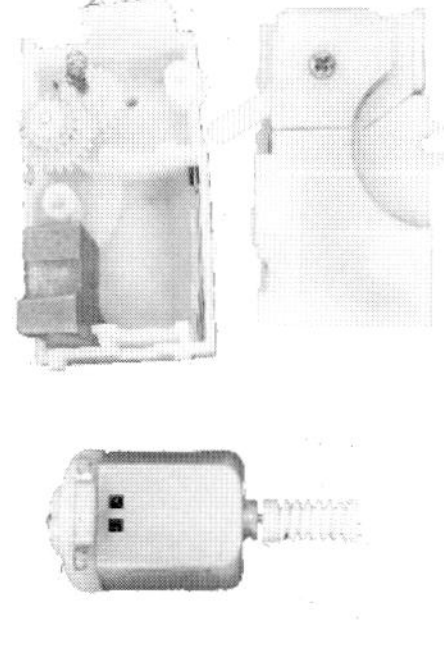

ギヤボックスには左右がビス止めになっていて、分解組み立てが容易なのもあります。モーター軸のギヤはウオームギヤで、故障したモーターを交換すれば直ります。

左のギヤボックスも別形式ですが、構成するギヤをバラバラにした状態です。ほこりがかなり付着していたので清掃し、各ギヤを順序正しく組み合わせました。

修理の小技１　ギヤの修理方法いろいろ

動くおもちゃのギヤボックスに過大な力がかかって軸が空回りしたり、ギヤが割れたりすることがあります。そのギヤボックスの割れたピニオンギヤを交換して直す時のテクニックのいくつかを**はしご消防車**や**トミカたのしい自動車工場**などを例にとって説明してみましょう。

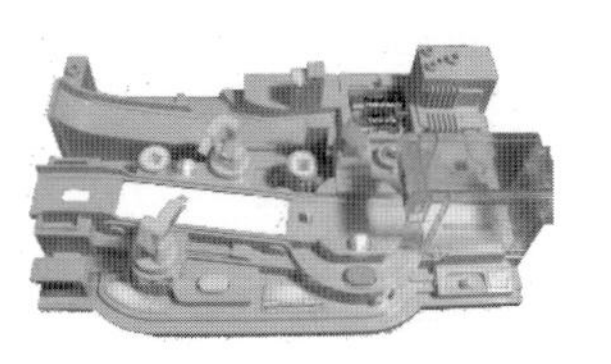
故障した**トミカたのしい自動車工場**が動くようになりました。

(1) ギヤを軸に打ち込む場合

故障ギヤを取り外せたので、打ち込んで直しました。

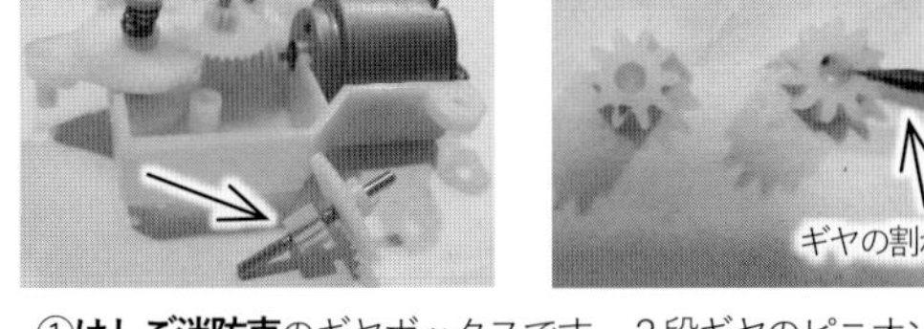

①**はしご消防車**のギヤボックスです。２段ギヤのピニオンギヤ（10歯）が割れていました。新しいギヤと軸の太さは同じでした。

②割れたピニオンギヤをシャフトの中間に打ち込む場合は、木材小片に穴を開けた台を用います。
台にはいくつか径を変えた穴を開けておきます。

(2) ギヤをモーターの軸に押し込む場合

ピニオンギヤをモーターシャフトにつける場合、衝撃を与えない方が良いし、配線などがあって取り出せない時もあります。

口を大きく開けられるプライヤーではさみ、ゆっくりと押し込んで軸にギヤを取り付けて直すことができました。

(3) 回転軸の太さに対しギヤの穴が小さい場合

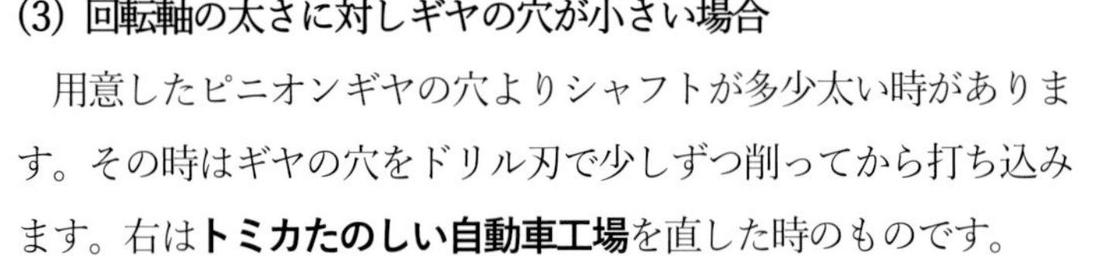

用意したピニオンギヤの穴よりシャフトが多少太い時があります。その時はギヤの穴をドリル刃で少しずつ削ってから打ち込みます。右は**トミカたのしい自動車工場**を直した時のものです。

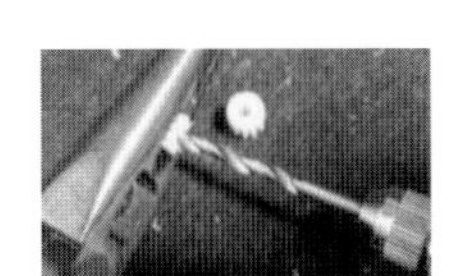
同じ歯数でしたが、軸の太さが少し大きいので、ギヤの穴を大きくしました。

(4) 割れたギヤを軸から抜かないで直す場合

割れたギヤの場所によっては細いステンレス線でしばり、瞬間接着剤で固定することもできる。（他の部分とあたらない場合）

修理の小技2　スイッチのリード線を延長する

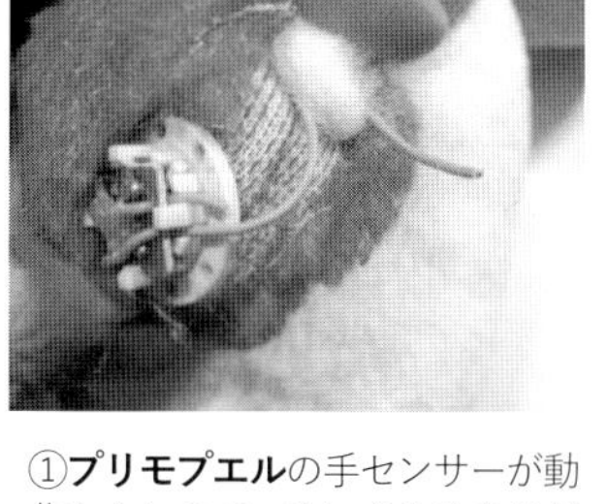
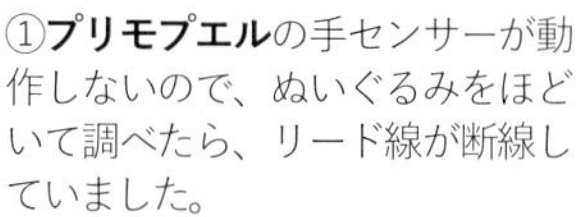

①**プリモプエル**の手センサーが動作しないので、ぬいぐるみをほどいて調べたら、リード線が断線していました。

②さらに調べたらタクトスイッチが接触不良だったので、スイッチを交換しました。

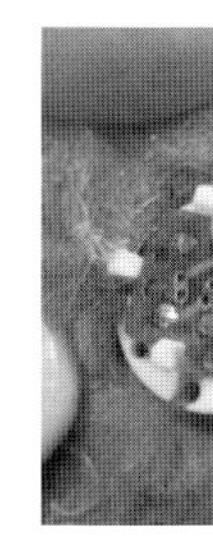

③スイッチ基板に3cmほどのリード線をハンダ付けし、元の胴体側からの電線に延長接続をしました。

おもちゃの内部の配線が断線していることがあります。単にそこを接続しても短くなり、力がかかってまた切れる心配があります。その時はリード線を延長するのが有効です。

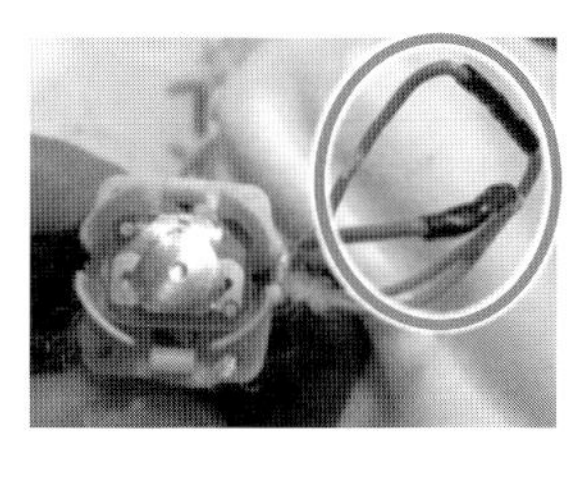

上の例ではパーツの根元を糸で補強し、丈夫にしました。

別の事例では、スイッチの接触不良を解消するために金属片と基板との間に、細い電線でジャンパーがけをしました。

それからセンサーと胴体側の線にリード線を延長して接続し、接触不良だったのを直しました。小技の一つです。

修理の小技3　ぬいぐるみを「コの字綴じ」で縫い戻す

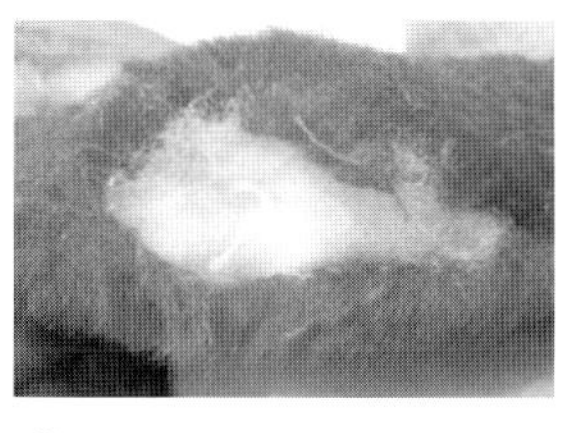

①縫い目を探して糸を切り、内部からセンサー部品を出して修理しました。

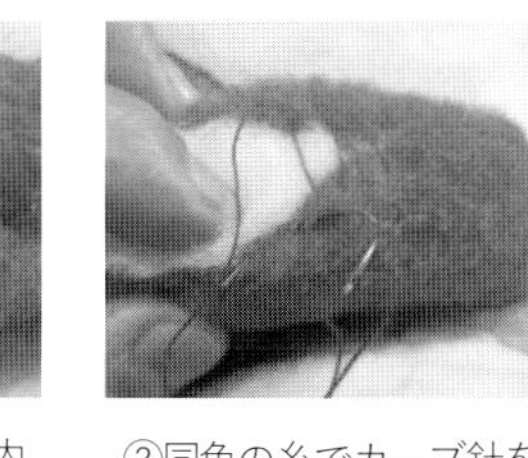

②同色の糸でカーブ針を使い、「コの字綴じ」(ラダーステッチ) で縫います。

③数針ごとに糸を引っ張って綴じ合わせます。縫い目が目立たず、元のように綴じ合わせることができます。

ぬいぐるみをほどいて内部を調べる必要が時々あります。少し躊躇しますが、縫い目を探して部分的に切開すれば、大丈夫。上の事例のようにきれいに直すことができます。

修理の小技4　カメラレンズ利用の拡大鏡　（ジャンク品の活用）

古い一眼レフカメラのレンズ

前玉の凸レンズを使用

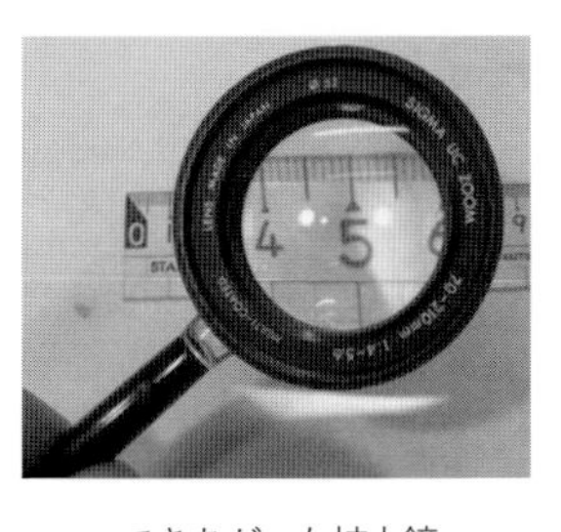

できあがった拡大鏡

機械の細かい部分を拡大鏡で見なくてはならない場合があります。周辺にもう使わなくなった古い一眼レフカメラの望遠レンズがあったら、それを分解して凸レンズを取り出し、拡大鏡を作ってみましょう。色収差のない、くっきりと良く見える拡大鏡になります。

前玉レンズは、物によっては大きなサイズのゴム足を押しながら回すと外れます。

百均ショップのプラスチック虫メガネの縁と取っ手のみを利用し、ホットボンドで固定して作りました。

修理の小技5　リモコンのアンテナ製作

ラジコンなどの故障には、リモコンのアンテナがなくなっているものが持ち込まれることがよくあります。銅線などをつないで十分代用できますが、伸縮式のアンテナで補修できるとベターです。百均ショップで売っているもので代用品が作れます。

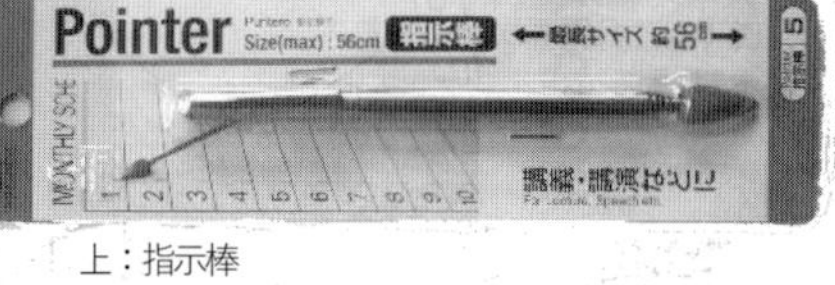

上：指示棒
下：ピックアップツール

①「指示棒」と「ピックアップツール」は百均ショップで見かけました。前者は事務用品、後者は工具売場でした。

②指示棒がベターです。その太い方の2段を抜き取ると、リモコンアンテナにちょうど良い具合です。

③リモコン基板の取り付けナットに合うビスをハンダ付けします。

修理の小技6　クリップ付きコードいろいろ

電子基板のチェック用にいろいろなクリップ付きコードを作りました。「音が鳴らない」と言って持ち込まれたおもちゃを調べる時、クリップ付きスピーカーが役に立ちます。

赤色　黒色
ミノムシクリップ

① 左：スピーカー付き
右：圧電ブザー付き
音の出ないスピーカーの端子をクリップではさみ、音が出れば故障と判断しスピーカーを交換します。

② クリスタル
イヤホン付き
スピーカーが正常でも音が出ない時、基板のパターンにあてて音が出るかを探ります。パターンの不良を発見できました。

③ 2.1mmΦプラグ、
ジャック付き
ＤＣアダプターが規格2.1mmプラグを使用しているとき、クリップとクリップの間に電流計を挿入して電流を測定するときに使います。

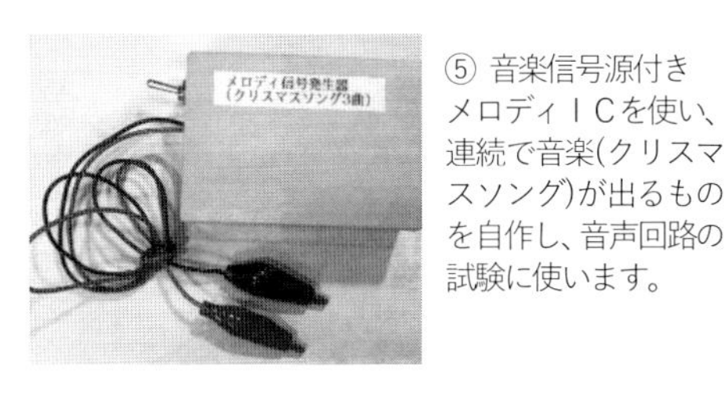

④ 電流チェック用
スペーサー付き
ジャンクの両面電子基板を小片に切り取り、リード線とクリップを付けたものです。電池端子にはさんで電流をチェックします。

⑤ 音楽信号源付き
メロディＩＣを使い、連続で音楽(クリスマスソング)が出るものを自作し、音声回路の試験に使います。

音の出なくなったおもちゃを調べる場合

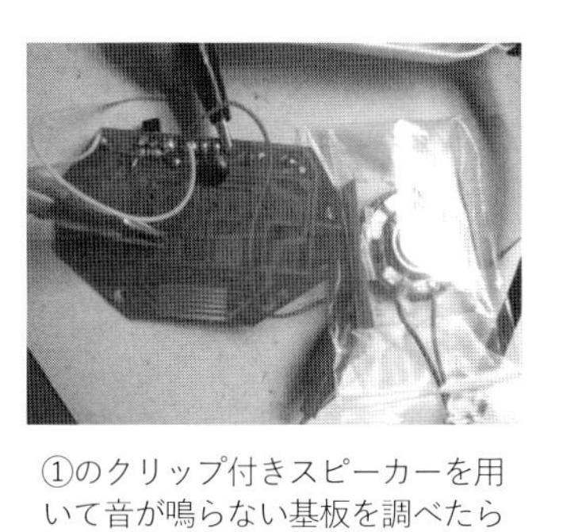

①のクリップ付きスピーカーを用いて音が鳴らない基板を調べたら音がでました。スピーカーを交換し修理完了です。

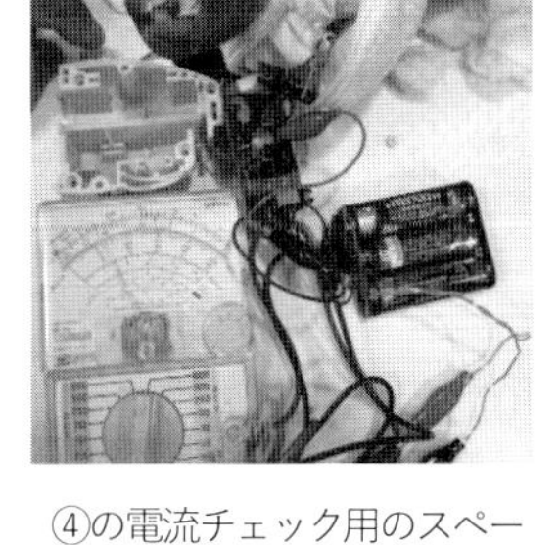
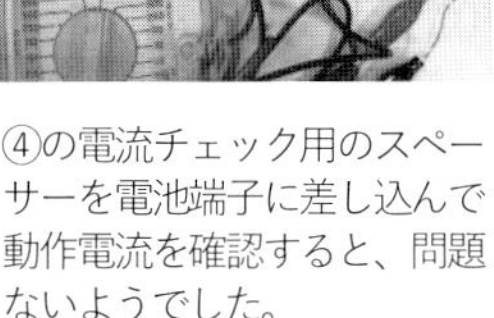

④の電流チェック用のスペーサーを電池端子に差し込んで動作電流を確認すると、問題ないようでした。

⑤の音楽信号源をスピーカーに触れたら音がするのでスピーカーはＯＫ。断線個所を直しました。

修理の小技7　ハンダ付けをやり直す

おもちゃのなかには、ハンダ付けのよくないものもあります。配線が外れたり、いわゆる「イモハン」という電線が取れやすいハンダ付けがあったりしますが、ハンダ付けをやり直すことで直ります。

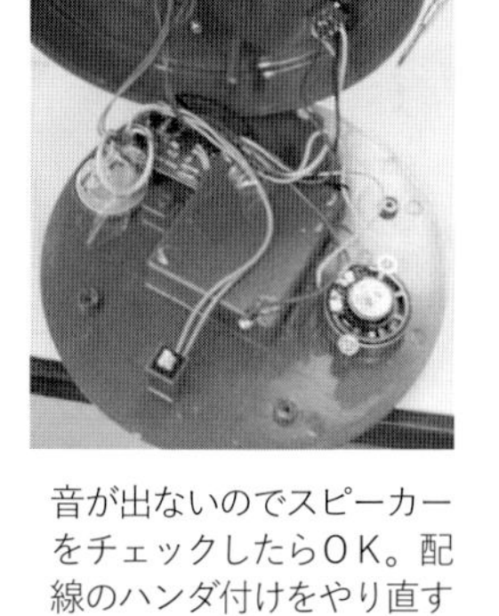

音が出ないのでスピーカーをチェックしたらＯＫ。配線のハンダ付けをやり直すことで回復しました。

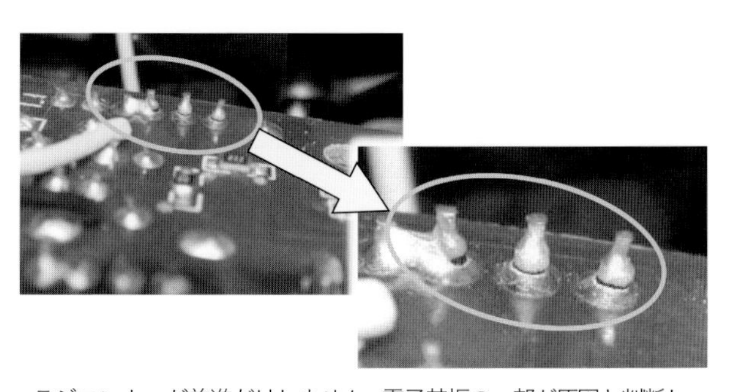

ラジコンカーが前進だけしません。電子基板の一部が原因と判断しましたが、リモコン送信機は正常。車体受信基板を点検したらトランジスタ１個の足が３本とも基板パターンとのハンダ付けにひびが入っていました。ハンダをつけ直してＯＫでした。

修理の小技8　百均ショップの利用

街の百均ショップに何か活用できるものがないかなと訪れ、道具や材料として使い勝手のよいものを安く手に入れようと工夫しています。各種電池や電池端子の錆磨きに使う「爪みがき」。小型の延長スピーカーやヘッドホーンを分解してスピーカーを入手。三角ドライバーは六角レンチを削って改造。部品用ケース、チャック袋なども百均ショップで入手しました。お店によって品揃えが異なり、別の店を回ることもあります。

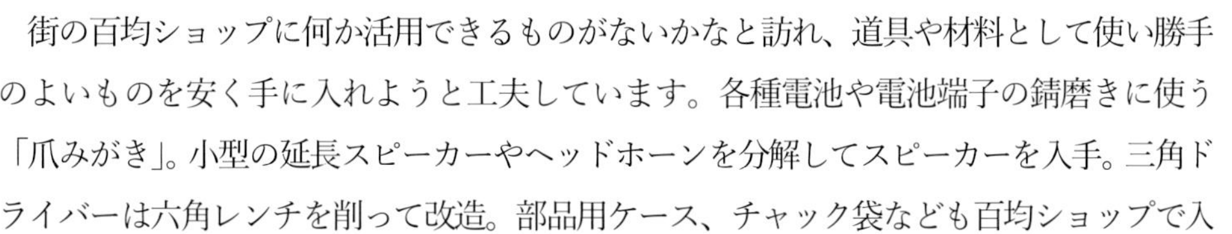

上の小型スピーカー、下のヘッドホーンを分解して２個ずつスピーカーを取り出しました。

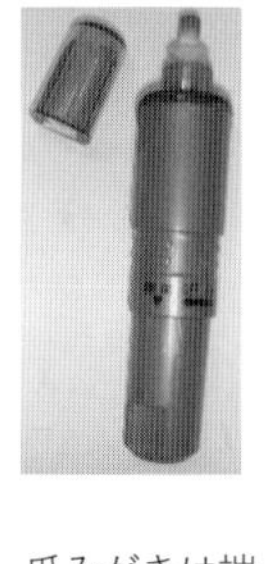

爪みがきは端子の錆落としに重宝して使っています。

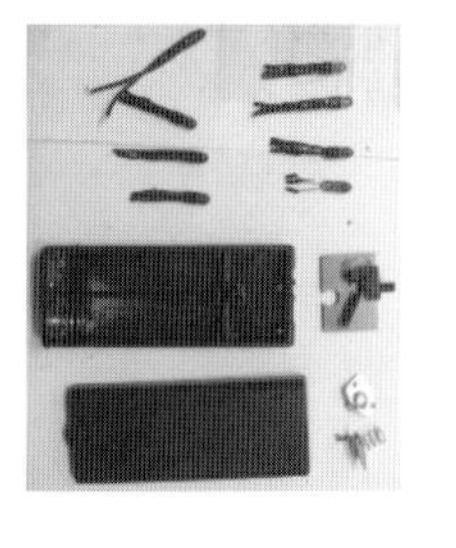

クリスマスイルミネーションを分解。珍しい「麦球」が８個手に入りました。

たまにある三角ネジ用のドライバーには六角レンチの角を削って改造した工具を使います。

修理の小技 9　接点復活剤を使用する

押しボタンスイッチやスライドスイッチの電源スイッチを操作しても動作しないことがあります。テスターを使い、ＯＮになる接点を調べると抵抗値がある場合があります。スイッチの隙間から少量の接点復活剤をスプレーし、スイッチの入り切りを繰り返すと、接触が回復する場合があり、動作ＯＫとなります。

接点復活剤はホームセンターや電子パーツ店などにあります。

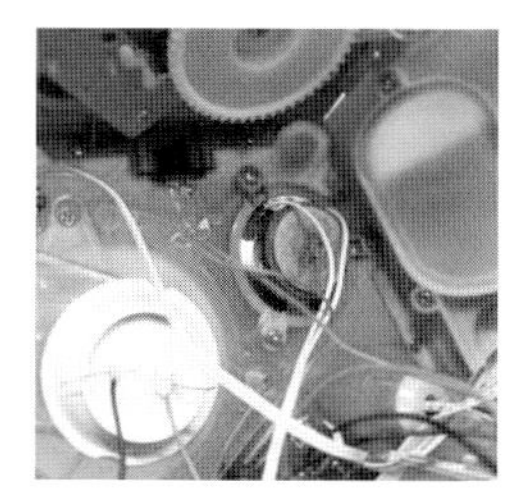

知育玩具**やみつきボックス**が接触不良でした。接点復活剤スプレーで直りました。

スポンジダーツ弾を発射する**ナーフダーツトイ**が動きません。数個のプッシュスイッチに接点復活剤を使って直しました。

修理の小技 10　潤滑スプレーを使用する

ドアが動かないといって来院した 40cm ほどの大きな**ラジコン仙台市営バス**です。モーター仕掛けの可動個所に、潤滑剤 CRC5-56 を少量スプレーしたらスムーズに動くようになりました。固着していたのでしょう。

潤滑剤CRC5-56やシリコンスプレーはホームセンターにあります。

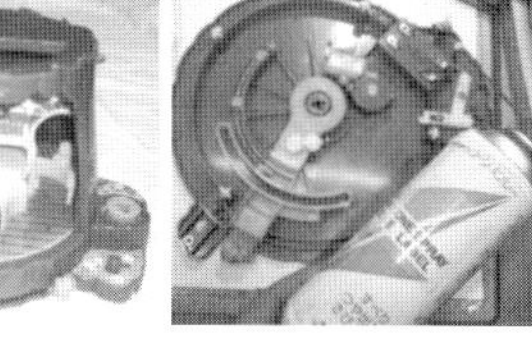

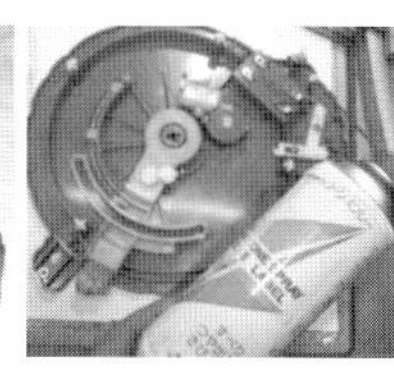

こえだちゃんのパン屋さんの回転台がレバーを操作しても動きません。パーツ同士の滑りが悪く、シリコンスプレーを少量使うことで直りました。

潤滑剤を使い、ドアが正常に動くようになった**仙台市営バス**。

修理の小技11　押しボタン動作不良の修理

押しボタンを操作するおもちゃがうまく動作しない事例があります。電池交換や、基板接点部分の清掃とボタン接点のゴムに６Ｂ鉛筆を塗ることで直る場合があります。

ハローキティレジスターの場合、台所用のアルミホイルを 5mm 角ほどに小さく切り、接点ゴム部分に貼ることで動作がＯＫとなりました。

この技は他のリモコンの修理にも応用でき、「室内照明リモコン」にためしてみたら動作ＯＫとなりました。

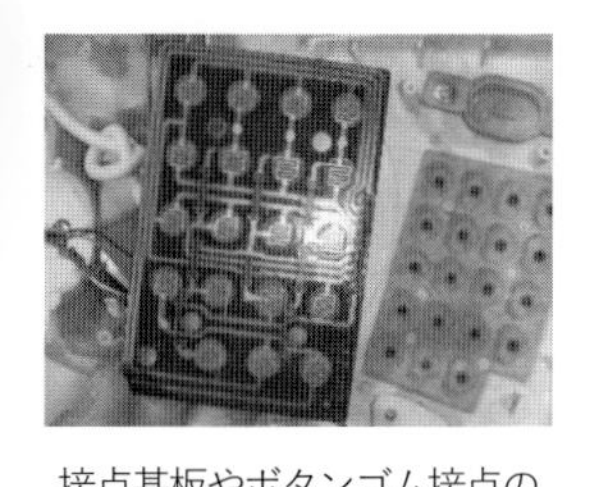

接点基板やボタンゴム接点の清掃、６Ｂ鉛筆塗布をしましたが、接触が安定しない個所が残りました。

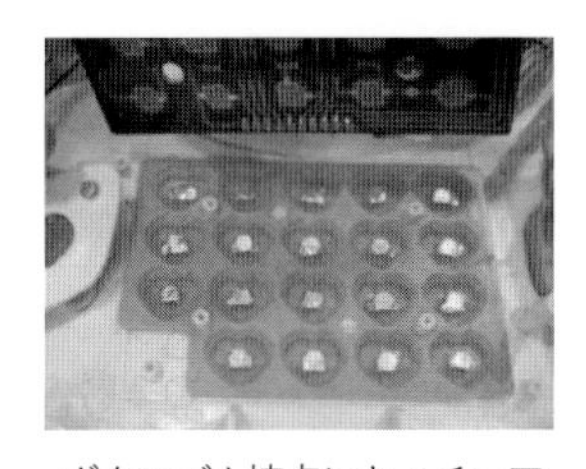

ボタンゴム接点にキッチンアルミホイルを両面テープで貼ると、接触状態が良好となりました。

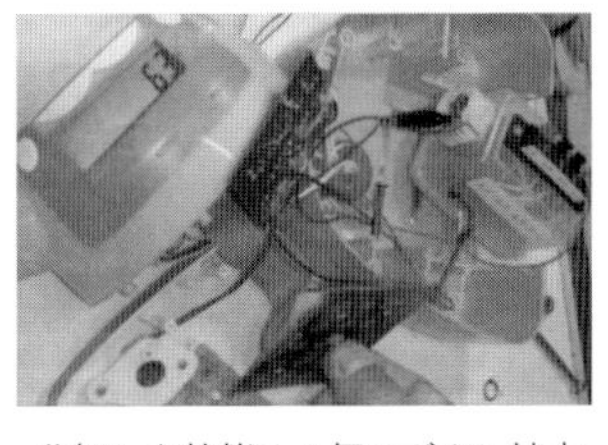

分解した状態で１個のボタン接点ゴムを接触させて、**レジスター**の動作テスト中です。
（自作の電池ボックスを使用）

修理の小技12　バッテリーの充電について

時々6V バッテリーを使用した**乗用三輪車**などが来院します。バッテリー不良の場合、規格の合うものをネット注文することが多いです。付属のＡＣアダプター（表示 6V）でバッテリー容量が４ＡＨなら、充電テストをし、約 0.4A ほどだったら、4.0AH÷0.4A=10H と充電時間は 10 時間となります。過充電をしないように「充電時間は 10 時間以内に」と注意書きを貼ってわたします。

左下のように入院時に充電する時、「タイマー」を使って 10 時間をセットし、過充電にならないようにしています。右下のようなホームセンターにあるタイマーの使用をお客さんに勧めています。

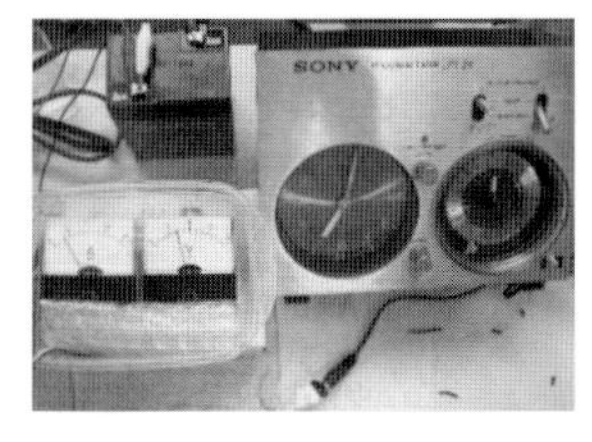

修理の小技13　カラーコードのごろ合わせ

音や光を使うおもちゃには電子基板が入っていて、それが故障したと思われるとき、直すのは難しいなと諦めることがあります。でも、すぐには諦めないで調べてみましょう。

動かなくなった**お話し人形夢の子ネルル**はこの事例で、電池端子間に渡してある直径3mm ほどの円筒形の部品がついていましたが、その抵抗器型のパーツに導通がなく、動作しなかったのが、この 0 オーム抵抗器を交換すると直りました。0オームとカラーコードで表示されていたので判断できたのです。

電気を使う「モノ」には、必ず流れる電流を調整するために「抵抗」が存在します。理科で習った「オームの法則」を思い出してみましょう。「電圧＝電流×抵抗」ですね。この抵抗を、炭素や金属などの皮膜の抵抗体を用いた固有の抵抗値を持つ部品が「抵抗器」です。その抵抗の値はカラーコードで示されています。カラーコードの読み方を「ごろ合わせ」で覚えておくとよいでしょう。

電子基板ばかりでなく、カラーコードが使われているパーツを見かける場合がありますし、古いラジコンの基板は抵抗やコンデンサーが交換できる大きさです。それらの値を調べるとき、カラーコードで表示してあり、覚えておいた読み方が役立つはずです。

色帯の位置と意味

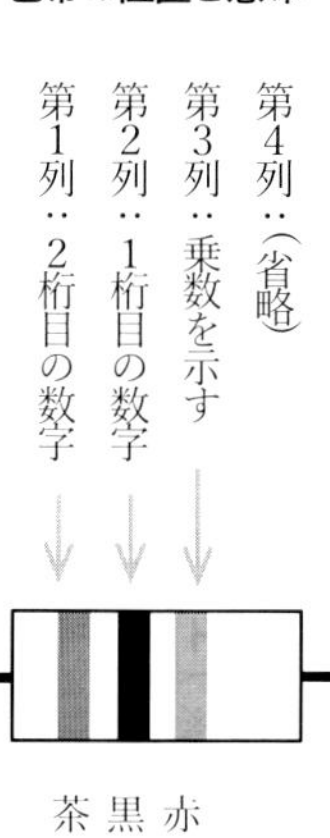

茶 黒 赤
1 0 2
は1000Ω
(10×10²=1kΩ)
を示す。

カラーコードの覚え方		（ごろ合わせ）
黒色＝0	黒い礼服	(くろいれいふく)
茶色＝1	お茶を一杯	(おちゃをいちはい)
赤色＝2	赤いニンジン	(あかいにんじん)
橙色＝3	橙色のミカン	(だいだいいろのみかん)
黄色＝4	岸恵子	(き しけいこ)
緑色＝5	みどりご	(みどり ご)
青色＝6	青二才のろくでなし	(あおにさいのろくでなし)
紫色＝7	紫式(七)部	(むらさき しち(き)ぶ)
灰色＝8	ハイヤー	(はい やー)
白色＝9	白ふく面	(しろふくめん)

サンプル

橙橙茶＝ 330 Ω
色の意味 → 33 × 10¹

橙白赤＝ 3900 Ω
色の意味 → 39 × 10² 3.9 kΩ

黄紫赤＝ 4700 Ω
色の意味 → 47 × 10² 4.7 kΩ

パパ・ママにもできるおもちゃ修理のヒント

お子さんが気に入って遊んでいたおもちゃが壊れた時、どうしていますか？
「パパ、ママ、直してちょうだい！」と言われたら、あなたはどうしますか？
ご家庭でパパ・ママにもできる、おもちゃ修理のヒントをまとめてみました。

1 いろいろなおもちゃに共通なこと 〜 電池は大丈夫ですか？

◆ 多くのおもちゃが電池を使っています。電池は大丈夫ですか？

- 電池チェッカー（ホームセンターや家電量販店にあります）を使ってチェックしましょう。
- 「動かない」のは、電池が入っていないからかも。もう一度確認してみましょう。
- 電池のプラス、マイナスの向きは大丈夫ですか？
- 全部が新しい電池ですか？
  古いのが混じっているということがあります。電池を保管する場合、古いのが混じらないように注意しましょう。

2 いろいろなおもちゃに共通なこと 〜 錆を取りましょう

◆ 電池は大丈夫だったけれど、まだ動かないときは、電池ボックス内の電池端子を調べてみましょう。

- 錆びていたら、板（棒）状のヤスリや細かい紙ヤスリで磨いて錆を落としましょう。
- 汚れは布やティッシュできれいに除きましょう。
- これらで、直ることがかなりあります。

== ひとこと ==

お子さんにとって、大好きなパパやママが買ってくれたお気に入りのおもちゃ。お子さんはその中身がどうなっているかなと興味津々。壊れたかな？ と修理をするとき、お子さんは「どうして動くの？」「これは何？」と質問攻めをしたりするかもしれません。

また、手元の工具を触ってくることもあるでしょうが、「危ないよ、さわらないでね」と注意しながら、やさしく答えてあげましょう。探求心や物を大切にする気持ちを学んでいくことでしょう。

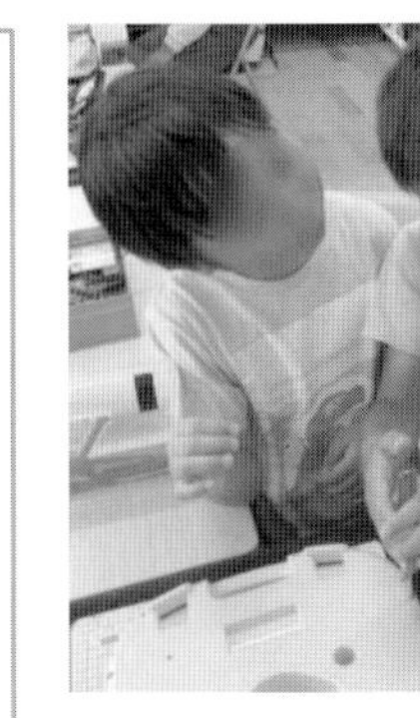

ドライバーを使う体験をしました。

3 タイヤや車輪のあるおもちゃの場合

◇ うまく走らない場合、車軸を見てみましょう。

▪ 車軸に、ほこりや糸くずなどが巻きついていませんか？ ピンセットなどできれいにごみを取り除きましょう。

◇ ゴムタイヤや連結器の補修パーツは、おもちゃ屋さんや模型店にあり、直せます。

4 人形や動物のぬいぐるみの場合

◇ 力がかかって、脚が折れてしまう故障が多いです。単純な接着などではうまく直らない時は、おもちゃ病院に相談してみましょう。

◇ ぬいぐるみのほころびなどは縫い合わせて直しましょう。（コの字綴じをしましょう）

5 オルゴールなどの場合

◇ ゼンマイを巻きすぎないようにしましょう。

◇ スプレー潤滑剤（シリコンスプレー、潤滑スプレーCRC5-56）をほんの少量スプレーするとうまく動くことがあります。

6 キッズパソコン・キーボードなどの場合

◇ パソコンにはリセットボタンがついている場合があります。押してみましたか？

◇ 飲み物の汚れによる動作不良は、清掃で直ります。

◇ 一部の鍵盤が反応しない場合、そのボタン接点の清掃で直るかもしれません。

7 生活玩具・ままごとおもちゃの場合

◇ 一部が動作しない故障が多いです。どの部分が動作しないのかよく確認し、その部分を動作させるスイッチの配線1本が断線なら、直してみましょう。

◇ 一部の破損も多いです。うまく接着剤を使って直してみましょう。

◇ 難しそうなのは、おもちゃ病院に相談しましょう。

8 ラジコン・電動乗用乗り物の場合

◇ リモコンを操作しても反応しない場合、何台もラジコンを持っていると、送信受信が対応していないことがあります。

▪ チャンネルが一致していますか？

◇ モーターは回っているのに動かないのはギヤが割れています。おもちゃ病院に相談しましょう。

9 おもちゃと長く遊べるようにするには

◇ 電池を使うおもちゃは、遊び終わったら電源スイッチを切りましょう。

◇ 電池ボックスには電池を入れたままにしないようにしましょう。長い間電池が入ったままだと液漏れをして錆びる場合があります。

◇ 動くおもちゃ（電車や自動車など）は車軸にほこり、糸などが絡まって動かなくなることがあります。掃除をしましょう。

◇ お風呂で遊ぶおもちゃは、遊び終わったら浴槽から出して乾かしましょう。

◇ 鍵盤や押しボタンのあるおもちゃに、ジュースや水などがかからないように注意しましょう。中に入ってしまうと故障の原因になります。

◇ 説明書やおもちゃの外箱に説明が書いてあるものは捨てないで取っておきましょう。

これまでに直してきたおもちゃのリスト

これまでに直してきたおもちゃをジャンル別に分け、リストにしてみました。おもちゃがさまざまに社会生活を反映しています。
（名前の末尾に★マークがあるのは本書にその「修理事例」が載っています。）

◇自動車・電車・飛行機・乗り物

プラレール
　プラレール電車
　　あずさ、雷鳥、南海電鉄、山手線、はくたか
　プラレール新幹線★
　　こまち、さくら、あさま、やまびこ、はやて、つばさ
　プラレール　トーマスと仲間たち★
　　トーマス、ゴードン、エドワード、ベン
トミカ…これも多数が来院しました。
トミカ　プリウス、パトカー、ヤマトトラック
トミカ峠やまみちドライブ★　トミカ自動車工場
働く自動車
　救急車　コンクリートミキサー車
　パトカー　ごみ収集車
　ショベルカー★　消防車
その他
トイストーリーバズ飛行機★　きかんしゃトーマス★
Nゲージ機関車　HO模型電車
Oゲージ機関車　光センサー都電
ハイパーレスキュー隊　ホバークラフト
ジャンボ貨物機　バス運転席
キッズドライバー　シティバス
カーズ車　変身自動車
チョロQミニクーパー

◇ぬいぐるみ（人形・動物）

ヒーリング系
プリモプエル★　コプエル★
夢の子ネルル　ミルル
プリモピース　おでかけクッキー
ダッキー（ぬいぐるみ犬）★　おしゃべりしばちゃん犬
にゃん太郎（おはなし猫）★
着せ替え人形ポポちゃん（ミルク飲み人形）★
踊る人形系
ダンシングサンタクロース
ジャズマン（サキソホン）
ジェームス・ブラウン（踊る人形）
踊る猫田係長　踊る小泉人形
エルモ人形　歩くミニーちゃん
わんぱくスージー　踊るサル人形
笑うネコ
その他
歩く犬　ソフトバンクお父さん犬
バズライトイヤー　ウルトラマン
あやつり人形　犬（見張り置物）
子犬のぬいぐるみ　小鳥（TAKARA）
さかだち犬ラッキー　光る回転バトン
リカちゃん人形

◇知育学習玩具・音楽・キーボード

キーボード系
キッズピアノ★　カラオケキーボード
キッズキーボード　ファンファンキーボード★
カシオキーボード　電子ピアノ
キッズパソコン・あいうえおボード系
キッズパソコン　お絵かきタブレット
キッズあいうえお教室★
セガビーナ
楽器・音楽系
キッズカラオケ★　ミッキーキーボード楽団
おたまトーン　ミュージックマット
うたの絵本　わらべうた絵本
ハローキティたいこ　キッズボンゴ
デジタルホーン　ミニキーボード
グランドピアノ　木琴
リトルジャンマー（ジャズ楽団）
幼児・知育系
キッズよくばりボックス　よくばりボックス
英語トーキングカード★
キッズことばずかん
その他
地球儀★　木琴犬車

◇生活・ままごとおもちゃ・ゲームなど

ままごと系
2口ガスレンジ　電子レンジ
ジュース自動販売機　洗たく機
トーマス電話だよ　ミッキー回転お城
ファンファンATM機　けいたい電話
編み機　ハローキティ回転すし店
ミッキー霧吹きポンプ　消火水ポンプ
キッズおふろスライダー　キティちゃんレジスター
お風呂シャワー　プリキュア変身ケータイ
キッズレジスター★　トースター
アナ雪ドレス　おはなしよびだし電話★
貯金箱　いろいろテレホン台
トイストーリバズ電話　木製レジスター★
レストラン注文器★
プラネタリウム
おやすみメリー
ぬいぐるみ魚オルゴールメリー
おやすみメリー★　くまさんメリー
季節のおもちゃ
スノークリスマスツリー
クリスマスツリーイルミネーション　ディズニー扇風機
お雛様★
ゲーム系
野球盤　つりゲーム
日本侵略ビリビリゲーム　インベーダーゲーム
小さなパチンコ台　妖怪ウオッチ
キッズガチャポン
キッズクレーンゲーム★
その他
おやすみホームシアター　鳥かご小鳥
バトン棒　ルービックキューブ
けん玉

◇ラジコン・電動乗用乗り物・ロボットなど

ラジコン（自動車・航空機・ロボットなど）
ラジコントラック　ラジコンショベルカー
ラジコンカー・スカイライン　ラジコンカー・デロリアン
ラジコンカー・ポルシェ★　ラジコンヘリコプター
ラジコンドローン・クアトロックス★　ドローンUFOバスター
ラジコンドローンK60　ラジコン2階建てバス
ラジコン戦車　赤外線リモコン8本足ロボット
ラジコンステゴザウルス
乗用乗り物（電動）
乗用トーマス機関車　乗用リモコン新幹線
乗用ハーレーバイク　乗用バギー
乗用三輪バイク★　電動乗用カー★
ロボット
犬ロボット・グレートトーマス　犬ロボット・ドッグコム
ツクダロボットPINO　メカゴジラ★
ゴジラ
その他
変身剣銃　トランスフォーマー
レーザーガン　合体銃
スターウオーズ・ライトセイバー

◇オルゴール・時計・その他・家電品

オルゴール
メリーゴーランド★　オルゴールくまのプーさん
オルゴール人形ひも付メリー★　オルゴール人形・白鳥の湖★
オルゴールピエロ　オルゴール・ピアノ演奏
万華鏡オルゴール
時計
チクタクバンバン（目覚まし時計）　壁掛け時計
プーさん丸時計
家電品
ラジオ　扇風機
DVDプレーヤー　ビデオデッキ
ラミネーター　ミシン
その他
ドラゴン・ガラス置物　光る剣
テプラ　あんま器
児童館卓球台　鉛筆削り器

「日本おもちゃ病院協会」の活動

全国各地におもちゃ病院がつくられていて、おもちゃドクターがボランティアで活動しています。壊れたおもちゃを直して、子どもさん、お父さん、お母さん、おじいちゃん、おばあちゃんたちのたくさんの笑顔にあって、喜びを感じています。

児童館でのおもちゃ病院開院の様子

全国各地の児童館や市民センター、そのほかの施設で定期的におもちゃ病院活動を行っていて、それらの開催の場所や日時などは、新聞や広報の催し物案内に開催案内が掲載されています。地域の社会福祉協議会と連携して活動をしているおもちゃ病院も多くあります。インターネットを検索すると、お住いの近くで活動しているおもちゃ病院を探すことができます。

おもちゃドクターは「日本おもちゃ病院協会」の会員として活動している方々だけでも1,700 名以上(2019 年現在)いて、会員となっていなくても活動しているおもちゃドクターの数はその数倍以上はいるのではないかと思われます。

「日本おもちゃ病院協会」のホームページ（https://www.toyhospital.org/）に登録していて、各地域で活動しているおもちゃ病院は東京都や神奈川県が多いのですが、全国で約600 個所ほどがあります。活動している病院数はその数倍はあり、お住まいの近隣で開院している場合もあるでしょう。

「日本おもちゃ病院協会」は、1996 年に全国組織化がなされ、全国のおもちゃ病院の紹介、おもちゃドクターをめざす方々への養成講座、会員相互の情報交換や技術交流、おもちゃ病院の普及に関する活動などを行っています。

「日本おもちゃ病院協会」は、東京四谷の「東京おもちゃ美術館」を活動の拠点とし、おもちゃ病院を毎月第１、第３土曜日に開院しています。

東京おもちゃ美術館
東京都新宿区四谷４－２０

（東京おもちゃ美術館ＨＰより）

（日本おもちゃ病院協会ＨＰより）

「日本おもちゃ病院協会」のホームページには「全国の病院リスト」が掲載されており、地域でのおもちゃ病院の開催状況のおおよそがわかります。おもちゃ病院を利用したい時の注意事項も書かれていますので、ぜひ参考にしてください。

「家庭でできるおもちゃ診断」のページなどでは、電池で動くおもちゃが故障した場合の対処方法などが記載されていてとても参考になります。

会員専用ページもあり、会報やおもちゃの修理方法、会員相互のおもちゃ修理に関する情報交換、おもちゃ修理のスキルアップを目指した「おもちゃドクター養成講座」やスケジュールなどの情報が掲載されています。おもちゃの修理をしていて、これは困ったな？という時のお知恵拝借のページには、各地のおもちゃドクターが、これまでの経験からわかりやすいアドバイスとノウハウを教えてくれます。

おもちゃドクターたちは、「直せてよかった」という喜び、「直してくれてありがとう」というよい子たちの感謝を糧に、今日も研鑽を積んでいることでしょう。

各地の児童館や市民センター、秋祭りなどのイベント会場でおもちゃ病院が開催されており、「おもちゃ病院」ののぼり旗がはためいています。

あとがき

おもちゃ病院活動を始めて十年。定年退職後のシニアの活動のひとつとして紹介しました。

「おもちゃ」ごときにと思う方もいるでしょうが、なかなかどうしてあなどれません。こわれたおもちゃを目の前にして、どうやって分解する？　どうやったら動くだろう？　どのように直したらいいか？　ああしようか、こうしようかの工夫の数々。目が弱くなったなあとこぼしつつ、細かい作業の繰り返し。うまく直った時は思わずヤッターと嬉しくなります。私にとっての老化防止の特効薬だとも思っていますが、直ったおもちゃを受け取った子どもやお母さんの喜ぶ顔はなによりの報酬です。

おもちゃドクターの役割は、こわれたおもちゃを直すのは当然として、それも一時代前のもの、そしてさらに子や孫へと受け継がれていくものもあり、おもちゃを通してものを大切にすることや、思いやり、優しさを育む手助けをしていくことだと思います。

本書では、「おもちゃドクターへの道」、「修理事例の実際」、「おもちゃドクターの基礎知識」など、おもちゃドクター活動のおおよそを三つのパートで紹介しました。おもちゃの修理や、おもちゃドクターに興味をお持ちになる方々が生まれ、またそういう方々の参考に少しでもなればと思っています。

この本を書かせてくれた、おもちゃドクター仲間、家族、子どもたち、孫たち、そして、出版に至るまで後押ししていただいた方々、みんなに感謝です。

二〇二〇年夏

市来(いちき) 歳世彦(さよひこ)

著者略歴

市来 歳世彦　（いちき さよひこ）

1947年、福島県郡山市生まれ。電気通信大学卒業後、
NHKに勤務。2003年退職し、関連する仕事に従事後、
ボランティア活動としておもちゃ病院活動を続けている。
宮城県仙台市在住。

写真・イラスト・デザイン　市来 歳世彦

生きがいのボランティア　おもちゃドクター
――こわれたおもちゃ直します！

2021年7月7日・第1刷発行
2021年11月10日・第2刷発行

定　価 ＝ 1800円＋税
著　者 ＝ 市来歳世彦
発行者 ＝ 林　利幸
発行所 ＝ 梟　社
〒113－0033　東京都文京区本郷2－6－12－203
振替 00140－1－413348番　電話03（3812）1654　FAX 042（491）6568

発　売 ＝ 株式会社　新泉社
〒113－0034　東京都文京区湯島1－2－5　聖堂前ビル
振替 00170－4－160936番　電話03（5296）9620　FAX 03（5296）9621

印刷・製本／萩原印刷
制作協力　／久保田考　編集協力／吉田仲子

梟ふくろう社の本

谷 真介著

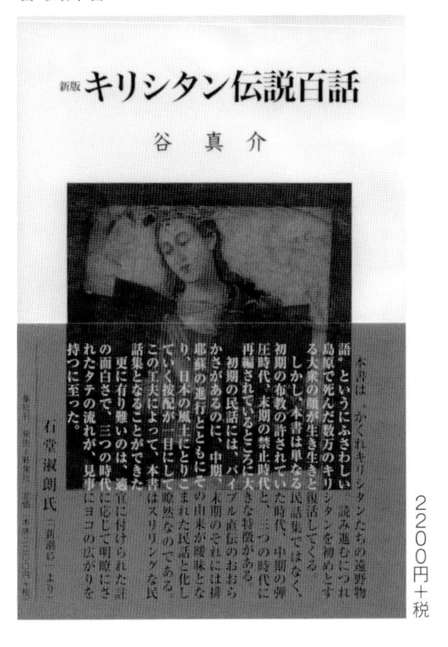

2200円＋税

2000円＋税

梟社の実用書　江上和子著

1300円＋税

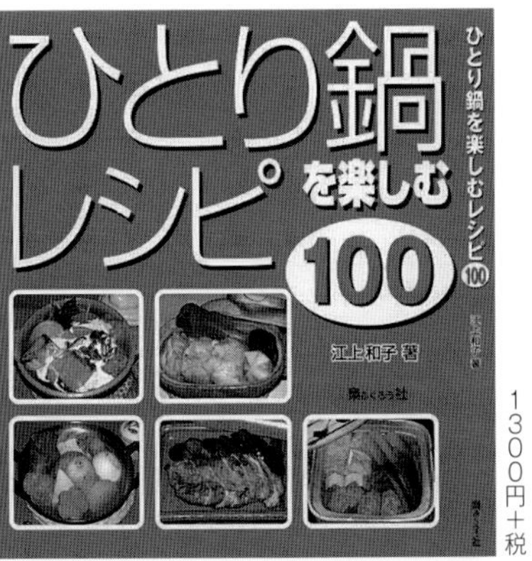

1300円＋税

1400円＋税